DIE FOHLENSCHULE

DIE FOHLENSCHULE

Fohlenerziehung vom
Saugfohlen bis
zum ersten Anreiten

von Renate Ettl

CADMOS

Haftungsauschluss

Autorin und Verlag haben den Inhalt dieses Buches mit großer Sorgfalt und nach bestem Wissen und Gewissen zusammengestellt. Für eventuelle Schäden an Mensch und Tier, die als Folge von Handlungen und/oder gefassten Beschlüssen aufgrund der gegebenen Informationen entstehen, kann dennoch keine Haftung übernommen werden.

Impressum

CADMOS in CADMOS Verlag

Copyright © 2008 Cadmos Verlag GmbH, München
unveränderter Nachdruck 2022

Gestaltung und Satz: Ravenstein R2, Verden
Titelfoto: C. Slawik
Fotos: R. Ettl

Druck: www.graspo.com

Deutsche Nationalbibliothek – CIP-Einheitsaufnahme
Die Deutsche Nationalbibliothek verzeichnet diese Publikation in der Deutschen Nationalbibliografie; detaillierte bibliografische Daten sind im Internet über http://dnb.ddb.de abrufbar.

Alle Rechte vorbehalten.
Abdruck oder Speicherung in elektronischen Medien nur nach vorheriger schriftlicher Genehmigung durch den Verlag.

Printed in EU

ISBN 978-3-8404-1077-2

INHALT

Gedanken zur Aufzucht 9

Der Umgang mit neugeborenen Fohlen 13

Ein Fohlen erblickt das Licht der Welt 13
Anzeichen der bevorstehenden Geburt 14
Die Geburt 15
Die medizinische Versorgung des Fohlens 17

Das Prägetraining 18
Was ist Prägung und Imprint-Training? 19
Die Techniken des Imprint-Trainings 22
Gerechtfertigte Manipulation? 27

Die ersten Lernschritte des Fohlens 28
Anfassen und putzen lassen 28
Halfter anlegen 30
Hufe aufheben 32
Die ersten Führversuche 34

Lernen an der Seite der Mutter 36
Mitlaufen am Bauchgurt 37
Erste Geländeerfahrung 39
Hänger fahren 42

Die ersten selbstständigen Unternehmungen 46
Alleingänge des Fohlens 47
Alleine bleiben 48

Das Absetzen von der Mutterstute 49
Wann ist der richtige Zeitpunkt? 50
Abruptes Absetzen oder Schritt für Schritt? 52
Nach dem Absetzen 54

Absetzer und Jährlinge 59

Lektionen im ersten und zweiten Lebensjahr 59
Voraussetzungen und Probleme 62
Die Fohlenlektionen auffrischen 64
Fleißaufgaben 66
Und immer wieder alleine bleiben 70
Spaziergänge an der Hand 71
Mitlaufen als Handpferd 73
Anbinden und Stillstehen 75
Spiele und Kunststückchen? 78
Wilde Fohlen und Problemfälle 79

Erste öffentliche Auftritte 81
Vorbereitung auf Pferdeschauen 82
Mitnahme des Fohlens auf Turniere 83
Festzüge und Umritte 83

Das zweijährige Pferd 85

Erlangen der Geschlechtsreife 85
Die Kastration von Hengsten 86
Zweijährige Stuten decken lassen? 88

Probleme im „Flegelalter" 89
Die Rangkämpfe der Halbstarken 90
„Ich meine es ernst!" 91

Gehorsam und Disziplin intensivieren 93
Umschulen auf verbale Instruktionen 94
Das Anhalten 98
Ground tying 99
Das Rückwärtsrichten 101
Das Aussacken 103

Gymnastizierende Übungen ... 105
Über Stangen treten ... 106
Das Labyrinth ... 107
Formen des Seitwärtstretens ... 108

An den Aufgaben wächst das Pferd ... 110
Handpferdetraining ausbauen ... 111
Zirkuslektionen ... 113

Die „Einschulung" mit drei Jahren ... 119

Die Leistungsfähigkeit des jungen Pferdes ... 119
Die Gebäudebeurteilung ... 121
Früh- und Spätreife ... 123
Die Epiphysenfugen als Beurteilungskriterien ... 125

Systematischer Muskelaufbau ... 125
Round Pen- und Longenarbeit ... 126
Passive Bewegungs- und Dehnübungen ... 131

Das Einreiten ... 133
Die Gewöhnung an Sattel und Zaumzeug ... 133
Fahren und Reiten vom Boden aus ... 135
Das erste Aufsteigen ... 136

Der Maßstab des Trainingserfolgs ... 139

Weiterführende Literatur ... 141

Register ... 142

GEDANKEN ZUR AUFZUCHT

Das höchste Glück eines jeden Pferdeliebhabers ist die Aufzucht eines eigenen Fohlens. Es macht viel Freude, das junge Pferd aufwachsen zu sehen, eine innige Beziehung zu ihm aufzubauen und es selbst auszubilden. Es hat viele Vorteile, ein junges Pferd in Eigenregie aufzuziehen und für seine spätere Aufgabe als Reit- oder Fahrpferd zu schulen: Das Hauptargument ist, dass das Tier keine ungewisse Vergangenheit hat, nicht durch viele Hände gegangen ist und noch keine schlechten Erfahrungen machen musste. Eine Korrektur ist immer gefährlicher und zeitaufwendiger als die Ausbildung eines noch rohen Pferdes. Außerdem sind schlechte Erfahrungen prägend und darum kaum vollständig auslöschbar. Misstrauen und Panikreaktionen können ein einmal verdorbenes Pferd ein Leben lang begleiten.

Die Aufzucht eines Fohlens stärkt die Beziehung zwischen Mensch und Tier besonders. Die meisten Pferdebesitzer haben zu ihren selbst gezogenen Fohlen eine innigere Beziehung als zu den Pferden, die sie sich bereits als ausgebildetes Reittier gekauft haben. Allerdings entsteht auch dann eine besondere Beziehung, wenn Pferd und Besitzer gemeinsam einiges durchmachen müssen – seien es Krankheiten, Verletzungen, Verhaltensstörungen oder anderweitige Probleme in Haltung und Ausbildung. Natürlich wäre es unsinnig, derartige Probleme heraufbeschwören zu wollen, um eine intensive Beziehung zu erreichen. Einfacher, schöner und empfehlenswerter ist sicherlich die Aufzucht eines jungen Pferdes, wenn man die besondere Beziehung zu einem Pferd anstrebt.

All diese erwartungsvollen Aussichten über freudenreiche Erfahrungen und innigste Beziehungsgefühle sind aber an Anforderungen gekoppelt, die nicht jeder Pferdeliebhaber erfüllen kann. Dem jungen Pferd müssen Lebensbedingungen geboten werden, die es ihm erlauben, sich seiner Art entsprechend zu entwickeln und seine natürlichen Bedürfnisse auszuleben. Schon allein diese Anforderung können viele Pferdeliebhaber nicht erfüllen. Faule Kompromisse führen letztendlich nicht zum ersehnten Glück, sondern können das Unternehmen einer artgerechten Fohlenaufzucht und -erziehung zum Scheitern verurteilen.

Wer sich mit dem Gedanken trägt, ein eigenes Fohlen zu ziehen oder sich einen Absetzer oder Jährling zu kaufen, muss sich im Klaren sein, dass optimale Aufzuchtbedingungen die Basis für ein zufriedenes und gesundes Pferdeleben darstellen. Das bedeutet insbesondere die Aufzucht innerhalb einer Herde, am besten mit gleichaltrigen Spielgefährten, aber auch älteren Pferden als „Erziehungspersonal", viel Auslauf, Licht und Luft sowie eine artgerechte Fütterung. Selbstverständlich muss auch die medizinische Versorgung des Fohlens gewährleistet sein. Regelmäßige Wurmkuren, Impfungen und die Kontrolle der Hufe stehen auf dem Aufzuchtsplan. Sind all diese Voraussetzungen erfüllt, kann das Abenteuer Aufzucht und Erziehung von Fohlen beginnen.

Die Zeit von der Geburt bis zum Anreiten ist für den Pferdebesitzer dabei keineswegs langweilig, denn es gibt viele sinnvolle Beschäftigungsmöglichkeiten mit dem Fohlen. Diese Unternehmungen tragen dazu bei, das Tier auf sein späteres Leben als Reitpferd vorzubereiten. Je besser die Vorbereitung ist, desto einfacher kann das Pferd seine Rolle als Reittier einnehmen. Das Anreiten gelingt schließlich fast schon spielerisch – bei korrekter Vorbereitung lassen sich die Pferde eines Tages wie selbstverständlich satteln und der erste Ritt ist nichts Weltbewegendes mehr.

Mehr Freude am eigenen Fohlen hat man außerdem, wenn nicht nur die Aufzuchtbedingungen optimal sind, sondern auch die richtige Anpaarung von Mutterstute und Hengst beste Voraussetzungen für ein gesundes und leistungsfähiges Fohlen geschaffen hat. Bei der Anpaarung sollten stets passende Elterntiere zusammengeführt werden, weil dadurch erwünschte Eigenschaften gefestigt und das Risiko von bösen Überraschungen und Enttäuschungen minimiert werden kann. Nicht zueinander passende Eltern produzieren nicht selten unharmonische, fehlerhafte Fohlen, die letztendlich keiner haben will. Auch die Gesundheit der Elterntiere sollte bei deren Auswahl in Betracht gezogen werden, weil viele Krankheiten oder zumindest die Veranlagung dazu vererbbar sind. Die Disposition zu bestimmten Erkrankungen oder degenerativen Erscheinungen ist immer gegeben, wenn die Elterntiere schon gesundheitliche Beeinträchtigungen zeigen.

Da man bei der Zucht trotz vermeintlich optimaler Anpaarung nicht wissen kann, welchen Charakter, welche Anfälligkeiten, Stellungsfehler, aber auch welches Geschlecht, Größe und Farbe das Pferd haben wird, kann der Kauf eines Jährlings oder eines Zweijährigen im Gegensatz zum Decken der eigenen Stute oder Kauf eines noch ungeborenen Fohlens manchmal durchaus sinnvoll sein. Man kann davon ausgehen, dass die Zucht eines Traumpferdes so gut wie unmöglich ist. Das eigene Traumpferd zu züchten ist trotz optimaler Auswahl der Elterntiere stets ein großer Glücksfall.

Ob man sich nun für die Aufzucht eines eigenen Fohlens oder für den Kauf eines Jährlings oder Zweijährigen entscheidet, die Erziehung im jungen Alter ist immer die Basis für jeglichen Einsatz im späteren Leben des Pferdes. Dieser Ratgeber soll den Jungpferdebesitzer von der ersten Stunde des neugeborenen Fohlens bis zum ersten Auflegen des Sattels und Anreiten des etwa dreijährigen Pferdes mit Tipps und Vorschlägen begleiten. Dabei kann der Besitzer von Zwei- und Dreijährigen durchaus auch noch die Lektionen des Absetzers durchführen. Sogar für ältere, bereits gerittene Pferde eignen sich die Übungen als Wiederholung oder wenn Nachholbedarf besteht. Bei der Jungpferdeausbildung kann es für gewisse –

GEDANKEN ZUR AUFZUCHT

belastende – Lektionen durchaus zu früh sein, nicht aber für jegliche Erziehungsmaßnahmen. Es gibt so viele Beschäftigungsmöglichkeiten für junge Pferde, dass man auf die Lektionen für reifere Tiere nicht vorgreifen muss. Wer sein Pferd dennoch zu früh übermäßigen Belastungen aussetzt, kann ihm nachhaltig Schaden zufügen.

Das Schwierigste bei der Pferdeausbildung und -erziehung ist wohl, das Training richtig zu dosieren. Der Pferdebesitzer muss in der Lage sein, das junge Pferd seinem Alter gerecht zu fördern, es aber nicht zu überfordern.

> **Zu frühe Belastungen und ein zu schnelles Vorgehen in der Ausbildung können dem Pferd durch psychische oder physische Überforderung nachhaltig Schaden zufügen.**

So mancher Züchter und Pferdeliebhaber ist der Ansicht, dass Fohlen zunächst mehr oder weniger wild aufwachsen sollten. Früh genug müssten sie schließlich den Anweisungen des Menschen folgen und ihm als Reit- oder Fahrpferd dienen. Diese Überlegung hat seine Berechtigung, zumal es nie zu spät für die Ausbildung eines Pferdes sein kann. Doch sprechen einige Punkte gegen diese Einstellung. Bei einer Verletzung oder Krankheit muss das Fohlen medizinisch versorgt werden können. Auch der Hufschmied muss Hufkorrekturen jederzeit vornehmen können. Dies ist jedoch nicht möglich, wenn sich das Fohlen nicht anfassen lässt, wenn es den Kontakt mit dem Menschen nicht kennt.

Eine gewisse Ausbildung und Erziehung ist also bereits beim Saugfohlen sinnvoll. Andere Lektionen (Longieren, Anreiten) sind hingegen für ein zweijähriges Pferd noch zu früh. Nur wenn die sinnvolle Reihenfolge und das richtige Verhältnis der Lernschritte eingehalten werden, sind die Freude am Tier

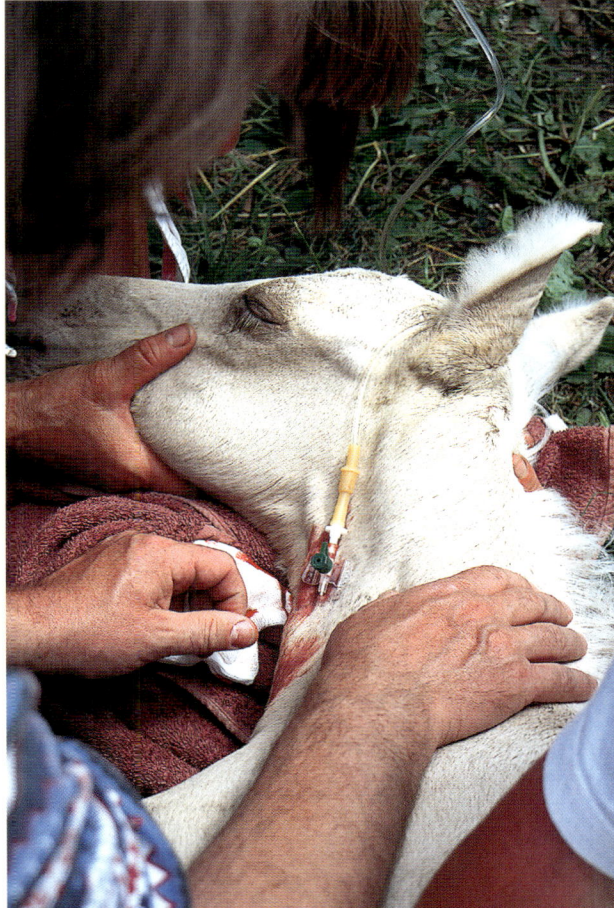

Eine gewisse Erziehung und Ausbildung ist bereits im Saugfohlenalter erforderlich, um eine gegebenenfalls notwendige medizinische Versorgung ohne Schwierigkeiten gewährleisten zu können.

und die Beziehung, die man sich zum Pferd wünscht, garantiert. Außerdem erzielt man damit die besten Voraussetzungen für ein langes und gesundes Pferdeleben. Der Lohn dieser Mühe, die Natur des Pferdes zu akzeptieren und die damit verbundenen Anforderungen einzuhalten, sind schließlich zufriedene Pferde und glückliche Pferdebesitzer.

DER UMGANG MIT NEUGEBORENEN FOHLEN

Ein Fohlen erblickt das Licht der Welt

Eine Fohlengeburt ist ein wundervolles Ereignis, das sich kein Züchter freiwillig entgehen lässt. Allerdings lassen sich die Stuten bei der Geburt nicht gerne zusehen. Sie können die Geburt über einen längeren Zeitraum hinauszögern, wenn sie sich gestört fühlen. Möchte man im Stall übernachten, um die Geburt nicht zu verpassen, kann das dazu führen, dass die Stute die Geburt verschiebt. Der Tagesablauf sollte deshalb wie gewohnt vonstatten gehen, damit sich die Stute wohlfühlt. Um bei eventuellen Komplikationen bei der Geburt helfen zu können, ist eine gewisse Überwachung aber sinnvoll. Bei nahender Geburt sollte man alle paar Stunden einen kurzen Blick in den Stall werfen, besser sind Videoüberwachungsanlagen, die sich aber meist nur für einen größeren Zuchtbetrieb lohnen.

Jeder Pferdebesitzer hat andere Voraussetzungen und man wird immer von Fall zu Fall entscheiden müssen, wie man eine Geburt möglichst störungsfrei überwachen kann. Eine Lösung kann es auch sein, die Stute auf der Weide abfohlen zu lassen, wenn Umfeld und Wetter dies zulassen. Hier ist es oftmals möglich, das Pferd von größerer Entfernung aus unbemerkt zu beobachten. Während der Nacht sind die Beobachtungsmöglichkeiten allerdings eingeschränkt, sodass man die Stute dann besser in den Stall holt.

Das Abfohlen innerhalb der Herde ist natürlich, sollte aber nur praktiziert werden, wenn die Beziehungen

unter den Pferden sehr harmonisch sind und keine Hektik durch unklare Rangordnungen und dergleichen herrscht. Außerdem muss genügend Platz vorhanden sein, damit sich die abfohlende Stute etwas zurückziehen kann, wenn die Geburtsstunde angebrochen ist.

Grundsätzlich gilt es, den Abfohlbereich möglichst sauber zu halten. Das muss nun aber nicht bedeuten, dass man dosenweise Desinfektionsmittel versprüht. Keimfrei wird der Stall oder die Weide niemals sein, deshalb hat die Natur dafür gesorgt, dass das Fohlen Abwehrstoffe über die Kolostralmilch erhält. Trotzdem ist eine gründliche Säuberung notwendig, um mögliche Infektionen bei Stute und Fohlen zu verhindern. Es schadet nicht, wenn der Stall mit Seifenwasser geschrubbt und dreimal täglich der Mist entfernt wird. Die Abfohlbox wird nach der Säuberung mit einer dicken Lage Stroh eingestreut.

Anzeichen der bevorstehenden Geburt

Der normale Abfohlzeitraum ist bei Pferden relativ lang. Die Trächtigkeitsdauer wird mit 330 und 350 Tagen angegeben. Das Zeitfenster von 20 Tagen kann sehr lang sein, wenn man schon gespannt auf das Fohlen wartet. Doch ein „Übertragen" von zehn Tagen ist bei Pferden immer noch im normalen Bereich, sodass man nicht nervös werden muss. Sollte sich die Geburt aber länger verzögern, ist es sinnvoll, sich mit dem Tierarzt abzusprechen.

Wer seine Stute gut kennt, bemerkt in den letzten Tagen der bevorstehenden Geburt einen „in sich gekehrten" Blick. Die Stute wird ruhiger und hat das Bedürfnis, sich zurückzuziehen. Zeichen für die bevorstehende Geburt sind auch Harztropfen am mittlerweile prall mit Milch gefüllten Euter der Stute sowie ein Absenken des Bauches und Einfallen der

Wer sein Pferd gut kennt, bemerkt bei seiner Stute kurz vor der Geburt einen „in sich gekehrten Blick". Diese Stute brachte ihr Fohlen innerhalb der nächsten zehn Stunden zur Welt.

DER UMGANG MIT NEUGEBORENEN FOHLEN

Flanken. Diese Anzeichen sind nicht zwingend, sie kommen jedoch häufig vor, sodass es sich lohnt, darauf zu achten.

Unmittelbar vor der Geburt wird die Stute unruhig, läuft womöglich nervös herum und beginnt zu schwitzen. Es ist empfehlenswert, die Stute – wenn man Anzeichen für die unmittelbar bevorstehende Geburt hat – nicht übermäßig zu füttern, weil ein gefüllter Darm die Geburt erschweren kann. Allerdings fressen die Stuten kurz vor der Geburt von sich aus oft nur wenig, sodass man auch dies als Zeichen für die baldige Geburt registrieren kann. In vielen Ställen kehrt nach der erfolgten Abendfütterung meist Ruhe im Stall ein, sodass die Stuten die Zeit nach dem Fressen häufig für das Abfohlen nutzen. Grundsätzlich kommen viele Fohlen während der Nacht zur Welt, da die Stuten überwiegend in dieser Zeit die notwendige Ruhe zum Abfohlen finden.

Nach der Geburt des Fohlens darf man die Bedürfnisse der Mutterstute nicht vergessen: Man muss sich nun um zwei Pferde entsprechend kümmern.

Die Geburt

Pferdegeburten verlaufen meist komplikationslos. In 95 Prozent aller Fälle gibt es keine Probleme und die gebärenden Stuten können auf die menschliche Hilfe verzichten. Deshalb gibt es keinen Grund zur Panik oder Unruhe, wenn die Geburtsstunde immer näher rückt. Vielmehr kann man mit Hektik und Nervosität so viel Unruhe stiften, dass man die Stute nur stört und damit eine eventuelle Geburtsverzögerung auslöst. Wenn die Möglichkeit besteht, die Geburt möglichst unbemerkt zu überwachen, sollte man dies tun, um das Restrisiko von möglichen Komplikationen bei der Geburt niedrig zu halten. Treten tatsächlich Schwierigkeiten auf, muss schnelle Hilfe gewährleistet sein, damit das Leben von Fohlen und/oder Mutter nicht gefährdet ist. Für diese Eventualität sollte selbstverständlich die Rufnummer des Tierarztes bereitliegen.

Jeder möchte die Geburt eines Fohlens gerne live miterleben, dagegen ist natürlich nichts einzuwenden, doch sollten die gegebenenfalls damit verbundenen Störungen nicht so weit führen, dass der normale Ablauf der Geburt gefährdet ist. Die Rücksicht der Stute gegenüber muss deshalb über der eigenen Neugier stehen.

Die eigentliche Geburt beginnt damit, dass die Stute unruhig wird, zu schwitzen beginnt und sich öfters hinlegt und wieder aufsteht. Schließlich bleibt die trächtige Stute im Stroh liegen und beginnt zu pressen, um die Frucht auszutreiben. Zunächst reißt die Fruchtblase und gibt eine große Menge Fruchtwasser frei. Die Fruchtblasenruptur kann aber auch schon beim noch stehenden Pferd erfolgen. Nun erscheinen bereits die beiden Vorderhufe sowie das Mäulchen des Fohlens, das auf den Vorderbeinen ruht. Wird nur ein Beinchen sichtbar oder erscheinen zuerst die Hinterbeine, liegt das Fohlen falsch und der Tierarzt muss helfend einschreiten.

Nachdem die Vorderbeine und der Kopf ausgetreten sind, legt die Stute meist eine kleine Erholungspause ein, bevor die nächsten Presswehen nun auch den Brustkorb des Fohlens durch den Geburtskanal schieben. Sobald der Rumpf des Fohlens im Stroh

Schon nach wenigen Tagen wird die Versorgung mit Antikörpern über die Kolostralmilch eingestellt und das Fohlen erhält nur noch „normale" Stutenmilch.

liegt, beginnt das junge Tier zu atmen. Ist das Fohlen ausgetrieben, bleibt es in der Regel noch einige Minuten durch die Nabelschnur mit der Mutterstute verbunden. Dies ist auch gut so, denn in dieser Phase wird das Fohlen noch mit wichtigen Nährstoffen und Blut versorgt. Wenn die Eihäute noch nicht gerissen sind, müsste das Fohlen ansonsten ersticken, wenn die Nabelschnur nicht mehr intakt ist. Normalerweise reißt die Fruchthülle selbstständig oder die Mutter beißt sie instinktiv auf. Treten beide Möglichkeiten nicht ein, sollte man die Eihäute mit der Hand aufreißen, um die Nüstern des Fohlens freizulegen. Steht die Mutter nach einer kurzen Erholungsphase auf, reißt die Nabelschnur ab und das Fohlen muss nun selbstständig atmen können. In diesem Moment muss es von der Eihaut befreit sein.

Der gesamte Geburtsvorgang dauert in der Regel nicht länger als 30 Minuten. Nach einer kurzen Erholungszeit wird die Mutterstute ihr Neugeborenes trockenlecken. Dabei befreit die Stute die Augen und Nüstern des Fohlens vom Schleim. Außerdem wird die Blutzirkulation durch das Ablecken angeregt. Man kann die Stute nun unterstützen, indem man mit einem Büschel Stroh hilft, das Fohlen trockenzureiben. Dieser erste Menschenkontakt verstärkt die Zutraulichkeit des Fohlens und erleichtert die spätere Erziehung. Die Gelegenheit kann man außerdem nutzen, um den Nabelstumpf zu desinfizieren.

Trotz des großen Bedürfnisses, sich um das Fohlen zu kümmern, sollte man die Mutterstute nicht vergessen. Hier ist nun ein besonderes Augenmerk darauf zu richten, dass die Nachgeburt komplett abgeht. Dies geschieht normalerweise innerhalb von 45 Minuten. Dauert dieser Vorgang aber länger als zwei Stunden, spricht man von einem Nachgeburtsverhalten. In diesem Fall sollte dringend der Tierarzt zurate gezogen werden. Ist die Nachgeburt abgegangen, sollte sie auf ihre Vollständigkeit hin überprüft werden. Dem Tierarzt sagen Größe, Gewicht und Farbe der Nachgeburt einiges über den Geburtsvorgang aus. Der Veterinär kann dabei auch einen Eindruck über mögliche Unregelmäßigkeiten

DER UMGANG MIT NEUGEBORENEN FOHLEN

gewinnen. Deshalb ist es ratsam, die Nachgeburt dem Tierarzt zur Begutachtung zu zeigen.

Nach weiteren zehn bis zwanzig Minuten erfolgen die ersten Aufstehversuche des Fohlens. Es kann mehrmals regelrecht auf die Nase fallen, bis die ersten staksigen Schritte gelingen. Die Aufstehversuche sind anstrengend, sodass eingeschobene Ruhephasen im Stroh vonnöten sind. Nach spätestens einer Stunde sollte das Fohlen aber das Euter der Stute gefunden haben und das erste Mal trinken. Mit den ersten Schlucken erhält das Fohlen die Kolostralmilch, welche mit wichtigen Antikörpern angereichert ist, die die passive Immunität des Fohlens gewährleisten. Das Fohlen kommt zunächst ohne jeden Schutz auf die Welt. Deshalb ist eine frühe Aufnahme der Kolostralmilch wichtig, um die schützenden Antikörper zu erhalten. Aus diesem Grund ist es durchaus angebracht, vor allem schwachen Fohlen Hilfestellung zu leisten, um die Milchquelle der Mutter möglichst schnell zu finden. Nach zwei bis drei Tagen wird die Versorgung mit Antikörpern über die Kolostralmilch eingestellt und das Fohlen erhält nur noch „normale" Stutenmilch als Nahrungsmittel.

Die medizinische Versorgung des Fohlens

Die Abwehrstoffe, die das Fohlen mit der Kolostralmilch aufnimmt, bleiben leider nur in den ersten drei Lebenswochen erhalten. Dann ist das Pferdebaby einer erhöhten Gefahr durch Infektionen ausgesetzt. Mit etwa drei Monaten kann das junge Pferd selbst Antikörper bilden. Erst mit Bildung der eigenen aktiven Immunität kann das Fohlen geimpft werden. Empfohlen werden Impfungen gegen Tetanus, Influenza, Rhinopneumonitis und Tollwut. Besonders wichtig ist es, dass das Fohlen korrekt grundimmunisiert wird, um einen ausreichenden Impfschutz zu erhalten. Impft man die Fohlen zu früh, kann die Impfung wirkungslos sein, wenn das junge Pferd noch keine Antikörper bilden kann. Die korrekte zeitliche Abstimmung muss eingehalten werden. Dies gilt sowohl für den Beginn der Impfung als auch für die Grundimmunisierung und die Wiederholungsimpfungen.

Dringend anzuraten ist die Impfung gegen Fohlenlähme, die in den ersten 24 Lebensstunden durchgeführt werden sollte. Obwohl die Krankheit relativ selten ist, kann das Fohlen über Darmschleimhaut oder Nabelstrang eine Bakterieninfektion erleiden, die innerhalb der ersten drei Lebenstage zur sogenannten Frühlähme oder zur Spätlähme, die nach einigen Wochen auftritt, führen kann.

Die medizinische Versorgung des Fohlens durch Impfungen und Wurmkuren muss gewährleistet sein.

Fohlen müssen häufiger entwurmt werden als ältere Pferde, um ihre Gesundheit zu gewährleisten.

Um die Gesundheit des Fohlens zu gewährleisten, muss es im Alter von etwa zwei Wochen erstmals entwurmt werden. Die Entwurmung wird dann mit einem geeigneten Mittel nach wenigen Wochen wiederholt. Im Allgemeinen müssen Fohlen häufiger entwurmt werden als erwachsene Pferde. Die Stärke des Wurmbefalls hängt in erster Linie von den Haltungsbedingungen ab. Je größer der Pferdebestand, desto intensiver ist in der Regel der Wurmbefall. Auch die Stallhygiene spielt eine große Rolle dabei, ob der Parasitenbefall stark oder schwach ist. Das regelmäßige (tägliche) Abmisten der Weiden und Ausläufe sollte darum selbstverständlich sein. Das Fohlen infiziert sich in jedem Fall bereits mit dem ersten Schluck Milch mit Endoparasiten. Es gibt kein Pferd, das keine Würmer hat. Man kann durch die Gabe von Wurmmitteln die Parasitenanzahl lediglich verringern und auf einem niedrigen Level halten. Vollständig ausrotten kann man die Schmarotzer leider nicht.

Übermäßiger Wurmbefall kann die verschiedensten Krankheiten auslösen, das Immunsystem schwächen und irreparable Schäden im Organismus hervorrufen. Diese Schädigungen können sogar den Tod des Pferdes bedeuten. Regelmäßige Kotproben, die der Tierarzt auf Parasitenbefall untersucht, geben einen Aufschluss über die Intensität und Art der Verwurmung. Auf diese Weise kann man das geeignete Wurmmittel aussuchen, um eine effektive Entwurmung und somit die Gesunderhaltung des Fohlens zu gewährleisten.

Auch junge Fohlen sollten schon an das Halfter gewöhnt werden.

Das Prägetraining

Einem Pferdebaby kann man schon sehr viel beibringen, da die Natur ein System eingerichtet hat, das die Neugeborenen für überlebenswichtige Dinge sehr aufnahmefähig macht. Jedes Lebewesen lernt in den ersten Stunden und Tagen seines Lebens deshalb schon enorm viel. Vor allem lernt es aber Verhaltensweisen, die für sein Überleben notwendig sind. Diesen Prozess des schnellen Lernens nennt man Prägung.

Der Mensch kann sich den Prägevorgang zunutze machen, um dem Fohlen Dinge beizubringen, die es später sonst nur mühsam erlernen kann. Es soll an dieser Stelle jedoch schon vorausgeschickt werden, dass die Meinungen über das Prägetraining teils stark auseinandergehen. Manche Pferdeleute sind der Ansicht, die Fohlen mehr oder weniger wild und natürlich aufwachsen zu lassen und nur in notwendiger Weise (medizinische Versorgung) in das junge Pferdeleben einzugreifen. Andere wiederum sehen die Nutzung des Tieres im Vordergrund (denn zum Reiten hat man das Pferd ja schließlich gezüchtet) und ergreifen jede Gelegenheit, sich den Umgang mit dem Pferd so einfach wie möglich zu gestalten. Irgendwo sind beide Meinungen plausibel und wie so oft ist der goldene Mittelweg oftmals der richtige.

DER UMGANG MIT NEUGEBORENEN FOHLEN

Eine gewisse Prägung ist durchaus sinnvoll und angebracht (und bei der Aufzucht unter Menschenaufsicht gar nicht vermeidbar!), um sich den Umgang mit dem Pferd zu erleichtern, aber auch, um die Angst des Fohlens vor seiner Umwelt, in die es hineingeboren wird, zu minimieren. Trotzdem kann übertriebenes Prägetraining dazu führen, dass die Pferde nahezu zu willenlosen Kreaturen degradiert werden. Den Fohlen wird dabei das Prädikat „Reitmaschine" regelrecht aufgedrückt. Ob dies dem wahren Pferdefreund noch Freude bereitet, ist fraglich. Und ob das Fohlen aufgrund eines genau ausgeklügelten Prägetrainings überhaupt noch ein natürliches Pferdeleben führen kann, darf ebenfalls als Diskussionspunkt mit einem großen Fragezeichen dahinter im Raum stehen bleiben.

Was ist Prägung und Imprint-Training?

Den Begriff der Prägung hat der Verhaltensforscher Konrad Lorenz zum ersten Mal definiert. In seiner „*Ethologie der Graugans*" erklärt er: „Unter Prägung versteht man einen Erwerbungsvorgang, durch den das Verhalten an ein bestimmtes Objekt gebunden wird." Die Prägung ist eine Fixierungsphase, die bereits in den ersten Lebensminuten stattfindet und nachhaltig verankert bleibt. Markante Zeichen der Prägung sind dabei die Unwiderruflichkeit oder zumindest sehr schwere Auslöschbarkeit, die Beschränkung auf nur wenige Phasen der Entwicklung sowie die bloße Darstellung einer Reizsituation, um die Prägung hervorzurufen. Konrad Lorenz hat auch noch eine weitere, merkwürdige Eigenschaft der Prägung herausgefunden. Die Prägung bezieht sich nicht nur auf das einzelne Individuum einer Spezies, von dem der Reiz zur Fixierung ausgeht, sondern auf alle Geschöpfe dieser Art. Das bedeutet, dass ein prägetrainiertes Fohlen auf alle Menschen stärker fixiert ist und nicht nur auf denjenigen, der das Prägetraining durchgeführt hat. Dies ist eine wichtige und für die weiterführende Ausbildung des Pferdes auch nützliche Erkenntnis in der Pferd-Mensch-Beziehung.

Eine gewisse Prägung auf den Menschen ist durchaus sinnvoll, um den Umgang mit dem jungen Pferd zu erleichtern.

Unter Instinkt versteht man jede Form eines angeborenen Verhaltens, wie beispielsweise die Fluchtreaktion des Pferdes.

Die Prägung ist der einfachste Lernvorgang sowohl beim Menschen als auch bei Tieren. Dieser Lernvorgang ist durch einen Instinkt vorprogrammiert und mit keinerlei geistiger Anstrengung verbunden. Darum spricht man auch von „intelligenzlosem Lernen". Tierpsychologen nennen jede Form von angeborenem Verhalten „Instinkt" und die Fähigkeit, bestimmte Reaktionen zu erlernen, „Intelligenz". Bei allen Tieren lassen sich in den ersten Lebensminuten bestimmte Reize einprägen. Später müssten die Tiere die Reaktion auf diese Reize mühsam erlernen, wenn die Prägephase nicht genutzt worden wäre. Um ein Tier zu prägen, sind bei jeder Tierart unterschiedliche Reize notwendig – je nach den individuellen Verhaltenssystemen.

> **Die Prägung ist der einfachste Lernvorgang, man spricht deshalb auch von „intelligenzlosem Lernen".**

Das Ziel des Prägetrainings bei Pferden ist es, den Umgang mit dem Vierbeiner zu erleichtern, indem man vor allem den Fluchtinstinkt eindämmt und das Fohlen auf verschiedene Reize desensibilisiert, vor denen es unter natürlichen Umständen Angst hätte und fliehen würde. Außerdem will man die Bindung zum Menschen verstärken, um den Respekt und das Vertrauen aufzubauen. Zugleich erreicht man eine nachhaltige Untergebenheit des Fohlens dem Menschen gegenüber.

Der frühe Kontakt des Fohlens – kurz nach seiner Geburt – mit dem Menschen prägt das junge Tier automatisch auf den Menschen. Als Folge davon wird das Pferd den Menschen später nicht fürchten. Da die Prägung auf die Personen, Tiere oder auch Gegenstände stattfindet, die sich bei der Geburt in unmittelbarer (spürbarer) Nähe des Neugeborenen befinden, zieht sich die Mutterstute in freier Wildbahn instinktiv zurück, um das Fohlen in Abgeschieden-

DER UMGANG MIT NEUGEBORENEN FOHLEN

heit auf die Welt zu bringen. Dabei ist sie zunächst das einzige Lebewesen in der Nähe des Fohlens, womit die Prägung allein auf die Mutter stattfinden kann. Auch in der Obhut des Menschen suchen tragende Stuten die Stille und Abgeschiedenheit, um ihr Fohlen zu gebären. Die Stute will beim Geburtsvorgang alleine sein – die beste Möglichkeit, die Prägung in den ersten Lebensminuten des Fohlens auf sich zu beziehen. Es gilt als sicher, dass sich das Fohlen in den ersten Lebensminuten auf einen großen Gegenstand fixiert, dem es – sobald es laufen kann – instinktiv folgt. Für gewöhnlich und unter normalen Umständen ist dieser große „Gegenstand" die Mutter.

Konrad Lorenz hat einen Test mit Gänsen durchgeführt: Gänseküken werden ebenfalls auf einen „größeren Gegenstand" geprägt, den sie nach dem Schlüpfen aus dem Ei erkennen. Auch dies ist für gewöhnlich die Mutter, der sie schließlich nachlaufen. Werden die Eier jedoch künstlich ausgebrütet und ist nach dem Schlüpfen keine Mutter vorhanden, wählen sie das „nächstbeste" Individuum in der Nähe, dem sie folgen. Ist dies der Mensch, folgen die Küken dem Menschen auf Schritt und Tritt. Die Küken werden zukünftig immer auf den Menschen fixiert sein und sich auch später keiner Gans mehr anschließen. Die Gänseküken erkennen nämlich nicht, dass sie selbst Gänse sind. Sie sehen den Menschen als ihre Mutter an, weil sie nach dem Schlüpfen auf ihn geprägt wurden.

Dasselbe Phänomen kann man bei Pferden beobachten. Ein Pferdebesitzer hatte sich den Traum vom eigenen Fohlen erfüllt und seine einzige Stute decken lassen. Unglücklicherweise starb die Stute bei der Geburt und das Fohlen wurde mühsam mit der Flasche aufgezogen. Der Pferdeliebhaber kümmerte sich

Die Aufzucht eines einzelnen Fohlens ohne den Kontakt zu Artgenossen ruft eine Fehlentwicklung des Pferdes hervor, weil es allein auf den Menschen geprägt wird. Das Fohlen kann später mit anderen Pferden nicht mehr umgehen.

Das Prägen von Fohlen auf den Menschen hat unbestritten Vorteile, dennoch müssen seine natürlichen Instinkte und Verhaltensmuster respektiert werden.

aufopfernd um das kleine Stutfohlen und bald wuchs das Tier zu einem stattlichen Pferd heran. Das Pferd war sehr anhänglich, liebevoll und freundlich und versprach ein gutes Reitpferd zu werden. Die Umstände ergaben, dass die Stute eines Tages zu anderen Pferden auf die Weide kam. Die vermeintliche Bereicherung, sich nun mit Artgenossen beschäftigen zu können, stellte sich als Irrtum heraus. Das Pferd suchte weder den Kontakt zu seinen Artgenossen, noch ließen die anderen Pferde die Stute an sich heran. Der Pferdebesitzer verstand die Welt nicht mehr. War doch seine Stute so umgänglich und freundlich – weshalb wurde sie von den anderen Pferden nicht aufgenommen? Die Antwort ist einfach: Das Pferd wurde auf den Menschen geprägt und hat auch in der Folgezeit nur vom Menschen gelernt. Es beherrschte weder die Pferdesprache ausreichend noch wusste es, wie man sich unter Artgenossen zu benehmen hatte. Die Stute erkannte sich selbst nicht als Pferd, deshalb suchte sie auch nicht den Kontakt zu anderen Pferden, sondern war auf Menschen fixiert. Die Folge war, dass sich das Pferd fehlentwickelte – psychische Probleme stellten sich ein. Das Pferd war „aus der Art geschlagen", dadurch trotz früherer Freundlichkeit zeitlebens schwierig zu handhaben.

Experimente mit Hunden und Katzen zeigten ebenfalls das Ergebnis, dass die Tiere mit ihren Artgenossen nichts mehr anzufangen wissen, wenn sie auf andere Individuen geprägt wurden. Der englische Verhaltensforscher Professor M. W. Fox beispielsweise schmuggelte während der Prägungsphase Hundewelpen in Katzenwürfe ein. Die Katzenmütter haben die Hundebabys ohne Probleme angenommen und großgezogen. Später jedoch konnten die von der Katze großgezogenen Hunde nur mit Katzen – aber nicht mit Hunden – spielen.

Das Phänomen der Prägung erklärt die grundsätzlich stärkere Beziehung von Menschen zu denjenigen Tieren respektive Pferden, die sie selbst großgezogen haben. Die Prägung in den ersten Lebensstunden und -tagen ist ein extrem wichtiges Ereignis, das bezeichnend für das weitere Leben des Tieres ist. Der Pferdebesitzer und Züchter trägt deshalb eine große Verantwortung für das gerade geborene Fohlen, um während der Prägungsphase keine folgenschweren Fehler zu begehen. Er muss sich im Klaren sein, welche Auswirkungen bestimmte Reize, die auf das neugeborene Fohlen einwirken, haben können. Das Prägen von Fohlen auf den Menschen hat unbestritten gewisse Vorteile für den Umgang und die Ausbildung von Pferden. Dennoch müssen die Individualität des Pferdes sowie seine natürlichen Instinkte und Verhaltensmuster respektiert werden. Die gezielte Manipulation durch das Prägetraining kann den Respekt vor der Individualität einer ganzen Spezies und der Eigenart jedes einzelnen Tieres allerdings sehr infrage stellen.

Die Techniken des Imprint-Trainings

Beim gezielten Prägetraining möchte man vier Hauptziele erreichen:

DER UMGANG MIT NEUGEBORENEN FOHLEN

- eine bessere Beziehung und Bindung zum Menschen,
- die nachhaltige Dominanz des Menschen dem Pferd gegenüber (beziehungsweise die Unterwürfigkeit des Pferdes),
- die Gewöhnung an bestimmte Reize (Desensibilisierung) und
- die Sensibilisierung gegenüber ausgewählten Reizen.

> **Ein gezieltes Prägetraining kann zur Respektlosigkeit vor dem jeweiligen Individuum führen und ist deshalb nicht kritiklos zu befürworten.**

Dr. med. vet. Robert Miller hat das Prägetraining systematisiert und regelrechte Trainingspläne für neugeborene Fohlen erstellt. Er war es auch, der das Präge- oder Imprint-Training in Europa populär gemacht hat. Dr. Robert Miller glaubt, dass sich das neugeborene Fohlen an alles bindet, was es in der ersten Stunde seiner Geburt um sich herum registriert. Diese Annahme deckt sich mit den Feststellungen von Konrad Lorenz bei seinen Graugänsen, aber auch den Ergebnissen vieler anderer Verhaltensforscher. Das Fohlen registriert als Erstes normalerweise die Mutterstute, möglicherweise aber auch den Menschen, der unter Umständen helfend eingreift oder auch nur neugierigerweise Bekanntschaft mit dem Fohlen machen möchte. Diese Bindung vollzieht sich unabhängig von der Fütterung. Obwohl das Fohlen seine Milch von der Mutterstute bezieht, kann es also auf den Menschen geprägt werden. Die Prägung nimmt dem Fohlen die Angst vor demjenigen, zu dem die Bindung stattgefunden hat. In der freien Natur ist es die Mutter, zu der das Fohlen Vertrauen hat und bei der es Schutz sucht, wenn es sich vor irgendwelchen Dingen fürchtet. Findet also die Prägung auf den Menschen statt, wird das Fohlen dem Zweibeiner automatisch Vertrauen entgegenbringen, Schutz bei

Ohne eine geregelte Rangordnung kann das Herdengefüge nicht funktionieren.

Die Besitzerin legt dem Fohlen ein Halfter an, während die Mutterstute herankommt. Weil das Fohlen nicht ausweichen kann, signalisiert es seine Untergebenheit durch deutliches Kauen.

ihm suchen und selbstverständlich vor dem Menschen keine Angst haben. Das Praktische an der Sache ist, dass sich das Fohlen sowohl an seine Mutter als auch an den Menschen binden kann. Diese Bindung wird sich aber nur zu einem Individuum besonders intensiv vollziehen – und diese „Intensivstbindung" sollte immer zum Artgenossen, also zur Mutterstute, stattfinden. Dies allein gewährleistet eine psychisch normale Entwicklung des Fohlens – als Pferd!

Der zweite Faktor, den man mit dem Imprint-Training erreichen kann, ist die Unterwürfigkeit des Fohlens dem Menschen gegenüber. Da Pferde Herdentiere sind, ist es für sie natürlich, von anderen Pferden dominiert zu werden. Ansonsten könnte das Herdengefüge nicht funktionieren.

Dominante Tiere versuchen, sich in der Rangordnung möglichst weit oben anzusiedeln. Dafür müssen sie kämpfen und ständig auf der Hut sein. Doch sie haben das Sagen innerhalb der Herde, fressen und saufen zuerst und legen die Marschroute fest. Die rangniedrigeren Tiere weichen den dominanten Pferden aus und ordnen sich unter. Doch das rangniedrige Pferd ist keineswegs unglücklich in seiner Rolle. Es fühlt sich – wie der sich unterordnende Mensch auch – durchaus wohl innerhalb der Herde, denn die ranghöheren Pferde führen es zu guten Weideplätzen und beschützen es. Somit profitiert einer vom anderen. Wenn jedes Herdenmitglied seinen Platz in der Rangordnung kennt, funktioniert die Gemeinschaft.

Es ist also durchaus legitim, Pferde zu dominieren, denn es ist für das Tier natürlich, dominiert zu

DER UMGANG MIT NEUGEBORENEN FOHLEN

werden. Der Mensch muss in der Rangfolge über dem Pferd stehen, ansonsten besteht höchste Unfall- und Verletzungsgefahr im Umgang mit dem Tier. Dominanz bedeutet aber nicht, dass das Pferd körperlich und/oder geistig „(ein-)gebrochen" wird, was früher gang und gäbe war und manch rüde Trainer heute noch tun. Einbrechen hat mit Gewalt zu tun, ob diese nun körperlich oder seelisch ist, bleibt sich gleich. Auch beim Imprint-Training kann man die Grenzen des Dominierens überschreiten und das Fohlen – in erster Linie seelisch – knechten. Das kleine Pferdchen kann sich kurz nach seiner Geburt am wenigsten wehren, ist schwach und hilflos und somit dem Menschen ohne die Möglichkeit irgendeiner Gegenwehr ausgeliefert. Das sollte einem immer bewusst sein, wenn man an das Prägetraining denkt.

Dass Dominanz nichts mit körperlicher Stärke zu tun hat, beweisen die Pferde selbst. Nicht selten führt eine alte, nicht mehr so kräftige Stute die Herde an und ist durchaus in der Lage, junge Wildfänge in die Schranken zu weisen. Die Leitstute tut dies mit ihrer mentalen Stärke, die ihr die Fähigkeit gibt, andere Pferde zu dominieren. Der Mensch muss sich dem Pferd – ob dieses nun dominant oder unterwürfig ist – mit derselben mentalen Stärke entgegenstellen. Dann kann er jedes Pferd ohne Kraftaufwand oder Gewalt mühelos dominieren. Hierzu bräuchte es kein Imprint-Training, dennoch gibt es eine Methode, welche die Unterwürfigkeit von Pferden fördert.

Unterlegene Tiere bieten ihrem Gegenüber ihre empfindlichste Stelle, um damit auszudrücken, dass sie wehr- und hilflos sind. Sie betteln mit dieser Geste quasi um Gnade („Bitte tu mir nichts"). Hunde beispielsweise rollen sich auf den Rücken und geben ihren empfindlichen Bauch preis. Beim Fohlen (manchmal auch bei älteren Pferden) kann man ein Kauen beobachten. Dieses Kauen wird als Fressimitation gedeutet. Manche Fachleute interpretieren dieses Verhalten wie folgt: „Bitte tu mir nichts, ich bin ein Pflanzenfresser und habe kein Interesse, dich anzugreifen." Plausibler scheint eine abgeschwächte Definition dieses Verhaltens zu sein, die etwa Folgendes aussagt: „Ich will keinen Streit mit dir, sondern nur fressen." Wie dem auch sei, dieses Verhalten ist in erster Linie beim Fohlen deutlich zu beobachten, ein Zeichen dafür, dass gerade das Fohlen eine große Bereitschaft zur Unterwürfigkeit zeigt – für das jüngste und schwächste Glied innerhalb der Herde ist dies auch logisch.

Wann zeigen Tiere ihre Unterwürfigkeit? In erster Linie immer dann, wenn sie ihrer stärksten Waffe beraubt werden und somit kampfunfähig beziehungsweise schwach sind. Die stärkste Waffe des Pferdes ist die Flucht. Sie ist absolut überlebensnotwendig für das freilebende Pferd. Kann der Vierbeiner jedoch nicht fliehen, ist er seinem Feind (oder der gegebenen Situation) ausgeliefert. Hindert man ein Pferd an der Flucht, ist es dem Menschen gegenüber ziemlich machtlos. Dies bedeutet für das Tier Abhängigkeit, Gehorsam und auch Respekt (vor dem Stärkeren). Diese Eigenschaften sind für den Umgang mit dem Tier von großem Vorteil.

Viele Trainingsmethoden bedienen sich dieses Merkmals. Beispielsweise praktizieren einige Pferdetrainer das Hobbeln (Fesseln der Vorderbeine) allein dazu, um Pferde gefügig, gehorsam und unterwürfig zu machen – nicht aber, um sie in erster Linie am Weglaufen zu hindern; hierzu bindet man die Pferde vorzugsweise am Halfter an. Das Hobbeln ist also Mittel zum Zweck. Es macht die Beine des Pferdes praktisch unbrauchbar. In freier Wildbahn würde dies den sicheren Tod bedeuten. In der Hand des Menschen heißt dies absolute Abhängigkeit.

Pferde, die nicht mehr flüchten können, versuchen, sich mit Schlagen oder Beißen zu wehren, wenn sie sich bedroht fühlen. Verhindert man auch dies (zum Beispiel durch Fesseln beziehungsweise Hobbeln), ist das Pferd vollständig hilflos. Beim Fohlen ist es einfach zu bewerkstelligen, um es wehrlos zu machen: Man hält es einfach auf dem Boden fest und läßt es nicht aufstehen. So kann es

Die besseren Wegbegleiter des Menschen werden diejenigen Fohlen, die gelernt haben, aus freier Entscheidung dem Menschen zu vertrauen, und nicht zwangsweise während der Prägephase manipuliert worden sind.

scheiden können und freiwillig nicht weglaufen, sondern sich dem Menschen vertrauensvoll zuwenden, die besseren Pferde. Hierzu nutzt man lieber das Urvertrauen und die natürliche Neugierde des Fohlens durch die gewonnene Bindung zum jungen Pferd. Übernimmt man dann auch noch die Rolle einer Leitstute, hat man automatisch – ohne Zwangsmethoden – und auf Dauer die Dominanz über das Pferd.

> Pferde, die aus freier Entscheidung dem Menschen vertrauen, sind gegenüber manipulierten, „eingebrochenen" Pferden die besseren Wegbegleiter.

Für den Einsatz des Pferdes als Reittier ist die Desensibilisierung aber auch die Sensibilisierung gegenüber bestimmten Reizen sinnvoll. So soll das Pferd beispielsweise Autos, Traktoren und knisternden Plastikplanen gegenüber desensibilisiert werden, damit es davor keine Angst hat und durch mögliche Panikreaktionen dem Reiter (und sich selbst) Probleme macht. Eine Sensibilisierung hingegen soll gegenüber den Reiterhilfen stattfinden, um ein feinfühliges Reiten zu ermöglichen. Das Desensibilisierungstraining wird mit Pferden jeden Alters durchgeführt, wenn sie ausgesackt werden (s. auch S. 103). Dr. Robert Miller gewöhnt bevorzugt aber schon neugeborene Fohlen an das Geräusch von Plastiktüten, lauten Motoren oder der Schermaschine, damit die Tiere später keine Angst mehr davor zeigen. Er desensibilisiert die neugeborenen Fohlen auch gegenüber jeder Art von Berührung.

Um eine Desensibilisierung herbeizuführen, muss der jeweilige Reiz so lange wiederholt werden, bis das Pferd keine Abwehrreaktion zeigt oder deutlich wird, dass die Berührung ihm gleichgültig geworden ist. Hierzu muss man diesen Reiz etwa 30- bis 100-mal ausüben. Beendet man die Reizausübung

nicht fliehen und wird darauf geprägt, dass es sich dem Menschen unterwirft. Eine logische, aber fragliche Methode, denn das Fohlen hat keine Entscheidungsmöglichkeit mehr, es wird also in die Situation hineingezwungen. Man kann dies durchaus schon als eine Form des Einbrechens interpretieren! Erfahrungsgemäß sind Pferde, die selbst entzu früh, findet eine Sensibilisierung statt, nicht aber eine Gewöhnung. Man würde dadurch also das Gegenteil von dem erreichen, was man eigentlich will.

Konkret werden bei den Techniken von Robert Miller Reibungen am Körper des Fohlens durchgeführt, wobei auch die Körperöffnungen nicht ausgespart bleiben. Die Arbeit im Maul soll das Fohlen bereits an das Tragen des Gebisses gewöhnen. 30- bis 100- mal wird der Finger in die Nüstern gesteckt, um das spätere möglicherweise einmal notwendige Einführen der Nasen-Schlund-Sonde zu erleichtern. Die Finger werden in die Ohrmuscheln geschoben und in den After (damit soll später das Fiebermessen problemloser möglich sein). Wiederholtes Klopfen auf alle vier Hufe soll das Fohlen schon an das Beschlagen der Hufe gewöhnen. Bei der ganzen Prozedur wird das Fohlen am Boden gehalten und am Aufstehen gehindert.

Später – wenn das Fohlen 12 bis 24 Stunden alt ist und schon sicher auf den Beinen steht – wird mit den Händen der Rücken belastet (um das Tier bereits für das Reitergewicht zu desensibilisieren) und es wird an den Gurtdruck gewöhnt.

Die Gegend, an der später der Reiterschenkel Einfluss auf das Pferd nimmt, wird nun sensibilisiert. Man übt hierzu ebenso einen Reiz auf die jeweilige Stelle aus und gestattet dem Fohlen, diesem auszuweichen. Sobald das Fohlen dies tut, belohnt der Trainer dies, indem er den Druck sofort löst. Damit lernt das Fohlen, dass der Druck aufhört, wenn es diesem ausweicht. Bald wird das Tier schon bei leichter Berührung wegtreten.

Eine Sensibilisierung findet auch gegenüber einem Druck an der Brust (zum Rückwärtsstreten) und Hinterhand (um das Fohlen vorwärts zu dirigieren) sowie im Genick (für das nachfolgende Haltertraining) statt.

Gerechtfertigte Manipulation?

Die Ausführungen zu den speziellen Techniken der Desensibilisierung und Sensibilisierung sind bewusst nicht ausführlich abgehandelt worden, da diese Prozeduren für das neugeborene Fohlen übertrieben sind und darum nicht in das hier vorgestellte Konzept der Fohlenerziehung passen. Es genügt, das Fohlen an die Berührung durch den Menschen zu gewöhnen, indem man beispielsweise das Fohlen mit Stroh trockenreibt oder das Tier einfach nur liebevoll streichelt. Die zusätzliche (schwächere) Prägung auf den Menschen findet dabei automatisch statt, sodass das Fohlen seine Scheu vor den Menschen gar nicht erst entwickeln wird.

Alle Techniken, bei denen das Fohlen am Boden gehalten und am Aufstehen gehindert wird, sind Zwangsmaßnahmen, die zwar die Abhängigkeit und Unterwürfigkeit des kleinen Individuums fördern, aber zugleich Parallelen zum „Einbrechen" von Pferden aufzeigen, welche die freie Entfaltung der Psyche – das Selbstbewusstsein und die Charakterstärke – behindern. Diese Form des Imprint-Trainings bremst die Selbstständigkeit, Kreativität und die Entscheidungsfreiheit des Pferdes aus. Die Erziehung eines Partners und Freundes ist über diese extreme Form des Imprint-Trainings nicht möglich, weil das Fohlen bereits im Vorfeld zur „Reitmaschine" manipuliert wird. Sicherlich mag das Prägetraining nach den Techniken von Robert Miller gutmütige und umgängliche Pferde hervorbringen, doch eine konsequente und fachkundige Aufzucht und Erziehung während der Kindheit verspricht dies ebenso. Zudem erhält man bei fachgerechter Aufzucht aber noch ein Pferd mit starkem Charakter und Lebensfreude. Ein solches Tier ist „ganz Pferd", da es als solches aufwachsen durfte. Die zu starke (oder gar alleinige) Prägung auf Menschen oder ein übertriebenes Prägetraining, bei dem bis zur Erschöpfung des Fohlens die Finger in alle möglichen Körperöffnungen geschoben werden, töten den Geist des Pferdes! Das Pferd ist nicht mehr es selbst, wenn es auf diese Weise manipuliert wird. Der wahre Pferdefreund möchte aber ein Pferd mit allen seinen Fehlern und Schwächen (die als natürliche Eigenschaften ebenso akzeptiert werden sollten wie positive Merkmale) und keine vorprogrammierte Reitmarionette.

Das scheue Fohlen fasst schneller Vertrauen, wenn man in die Hocke geht, weil man damit nicht mehr so groß erscheint.

Diese wichtigen Lernphasen, welche für ein angstfreies, vertrauensvolles und vor allem auch sicheres Leben mit dem Menschen wichtig sind, sollte das junge Pferd nun in den ersten Lebenstagen und -wochen durchlaufen. Ziel dieses Trainings, das möglichst spielerisch durchgeführt werden sollte (wie man es auch bei Kindern machen würde), ist es, dem Fohlen die Angst vor dem Menschen zu nehmen. Das Fohlen soll sich anfassen, berühren, pflegen und verarzten lassen sowie am Halfter mitlaufen.

Anfassen und putzen lassen

Ist man während der Geburt des Fohlens zugegen, darf man der Mutter helfen, den Neuankömmling trocken zu reiben. Hierzu nimmt man ein Büschel Stroh und wischt damit über das noch nasse Fell des Fohlens. Diese Arbeit sollte man jedoch nur über-

Die ersten Lernschritte des Fohlens

Die Prägung auf den Menschen in abgemilderter Form ist sowohl für den Pferdebesitzer als auch für das junge Tier vorteilhaft. Eine sogenannte schwache Prägungsform beinhaltet eine Zusatzprägung auf den Menschen, die jedoch keinesfalls so stark ist wie die zur Mutter. Die Prägephase beginnt direkt mit der Geburt, endet aber nicht abrupt. Gerade in den ersten Lebenswochen sind alle Individuen mit einer erhöhten Aufnahmefähigkeit gesegnet, welche den Wildtieren unter anderem das Überleben sichert. Würden die Tiere nicht innerhalb kürzester Zeit notwendige Verhaltensweisen erlernen, könnten viele nicht überleben. Diese Phase der gesteigerten Aufnahmefähigkeit ist ebenfalls ein Teil der Prägephase. Wie das Fohlen in freier Wildbahn bereits in den ersten Tagen wichtige Verhaltensregeln innerhalb seiner Herde lernt, um das Leben zu meistern, sind gewisse Lernstadien, die das Pferd für ein Leben in Menschenhand benötigt, durchaus sinnvoll.

Das wenige Wochen alte Lusitano-Stutfohlen lernt die Putzbürste kennen. Zuerst darf es daran schnuppern, um sich von der Ungefährlichkeit des Gegenstands zu überzeugen.

DER UMGANG MIT NEUGEBORENEN FOHLEN

Wenn die Berührungen an Hals und Körper problemlos möglich sind, geht man vorsichtig dazu über, auch die Beine abzustreichen. Selbstverständlich muss die Mutterstute bei allen Arbeiten mit dem Fohlen in der Nähe sein.

nehmen, wenn es die Mutterstute zulässt. Bei umgänglichen Stuten ist dies normalerweise kein Problem. Auf diese Weise hat man den ersten Schritt getan, damit das Fohlen die Urscheu dem Menschen gegenüber ablegt. Die Prägephase hier auszunutzen, ist in diesem Falle sinnvoll. Das Fohlen wird keinerlei Scheu zeigen, sich vom Menschen berühren zu lassen. Das erleichtert die zukünftige Erziehung und Ausbildung.

Auch in den nächsten Tagen und Wochen sollte man sich immer wieder mit dem Fohlen beschäftigen. Hierzu gehören Berührungen am ganzen Körper, wobei man nach einiger Zeit auch schon eine weiche Bürste einsetzen kann, mit der man das junge Pferd streichelt. Selbstverständlich muss die Mutterstute stets in der Nähe bleiben, wenn mit dem Fohlen gearbeitet wird, damit sich das junge Tier sicher und geborgen fühlt. Es ist deshalb angebracht, die Mutterstute entweder anzubinden oder von einem Helfer halten zu lassen.

Wenn das Fohlen den ersten Kontakt mit dem Menschen nicht sofort nach der Geburt hat, sondern erst Tage später, kann sich schon eine gewisse Scheu vor dem Menschen entwickelt haben. Nun ist es nicht sinnvoll, das junge Pferd möglicherweise in eine Ecke zu drängen, um es berühren zu können, weil man damit nur panikartige Reaktionen auslöst und den Samen für Misstrauen sät. Vielmehr macht man sich die natürliche Neugierde der Fohlen zunutze und wartet geduldig, bis das junge Pferd von selbst auf einen zukommt. Dabei nimmt man eine geduckte Haltung ein, um für das Fohlen nicht so bedrohlich zu wirken. Man geht also in die Hocke und spricht leise mit dem Fohlen, das sich sicherlich bald vorsichtig nähert, um den Fremdling neugierig zu beschnuppern. Sobald das junge Tier neugierig seinen Kopf vorgestreckt hat, darf man nun nicht gleich versuchen, das Fohlen festzuhalten oder es zu streicheln. Es ist besser, dem jungen Tier mehr Zeit zu geben, bis es sicherer geworden ist und Bewegungen mit den Händen ohne Scheu akzeptiert. Erst wenn das Fohlen die Hände des Menschen ausgiebig beschnuppert hat und nicht zurückweicht, kann man vorsichtig versuchen, den Hals und die Brust zu streicheln. Schließlich krault man dem Fohlen den Widerrist, was die jungen Pferde ganz besonders lieben, und wird auf diese Weise schnell das Vertrauen des Tieres für sich gewonnen haben.

Wenn die Berührungen am Hals und Widerrist ohne Probleme möglich sind, geht man dazu über, den ganzen Körper des Fohlens abzutasten und zu streicheln. Dabei ist es besonders wichtig, die Beine nicht zu vergessen. Man sollte sich jedoch davor hüten zu versuchen, die Beinchen festzuhalten. Das Fohlen könnte in diesem frühen Stadium Angst bekommen, weglaufen und sich künftig nicht mehr an den Beinen anfassen lassen. Um das Fohlen handzahm zu machen, dürfen nur Aktivitäten stattfinden, die das junge Pferd nicht zur Flucht veranlassen.

Gelingt es nun, das Fohlen am ganzen Körper sanft zu streicheln, kommt nun auch die Putzbürste zum Einsatz. Damit gewöhnt man das Pferd bereits ans Putzen, steigert aber hauptsächlich die Bindung zwischen dem Fohlen und dem Menschen. Außerdem regt man durch Putzen und Massieren mit der Bürste die Durchblutung an, was das allgemeine Wohlbefinden des Pferdes steigert und zur Gesunderhaltung beiträgt.

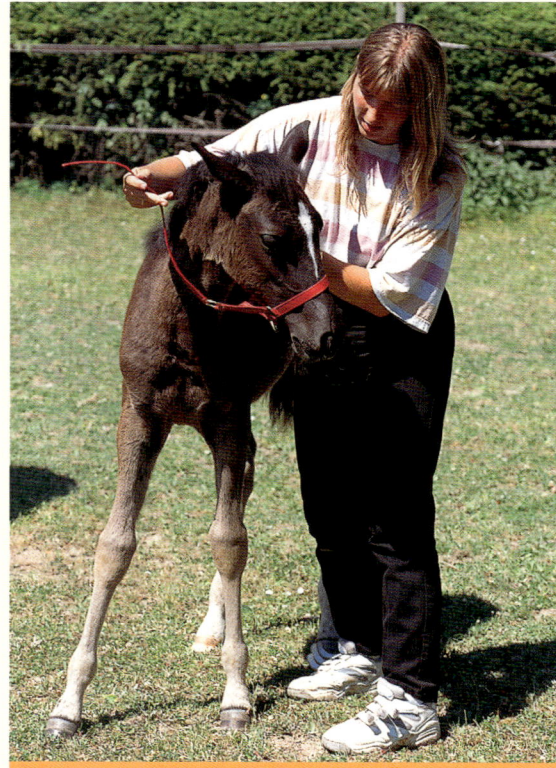

Das Aufhalftern des Fohlens gehört zu den ersten Lernschritten, um das Fohlen unter Kontrolle halten zu können.

> **Das scheue Fohlen fasst schneller Vertrauen, wenn man in die Hocke geht. In aufrechter Haltung wirkt der Mensch sehr groß und somit bedrohlich auf das junge Pferd.**

Halfter anlegen

Zu den wichtigsten Lektionen, die ein Saugfohlen so früh wie möglich erlernen muss, gehört nicht nur das Anfassenlassen, sondern auch das Aufhalftern, Führenlassen und Hufegeben. Diese Dinge sind notwendig, damit das Fohlen medizinisch versorgt werden kann. Es muss geimpft und entwurmt werden können, ohne dass Gewalteinwirkungen nötig sind, die das Pferd auf Dauer ängstigen würden. Ein Fohlen, das sich nicht einfangen, berühren, halftern und anfassen lässt, kann beispielsweise bei einer Verletzung nicht versorgt werden. Das Versäumnis, das Fohlen frühzeitig an diese Dinge zu gewöhnen, hat so manchem Jungpferd sogar schon das Leben gekostet.

Die Geschichte eines etwa zwei Monate alten Fohlens, das in einem größeren Pferdebetrieb zur Welt kam, soll als Beispiel dafür stehen: Die Mutterstute sollte zur Bedeckung verladen werden, doch keiner hatte in dem großen Pferdebetrieb bislang Zeit, sich mit deren Fohlen zu beschäftigen, sodass dieses sich weder berühren noch aufhaltern und schon gar nicht mitführen ließ. So versuchte man, das Fohlen der

DER UMGANG MIT NEUGEBORENEN FOHLEN

Mutter auf den Pferdetransporter nachzutreiben, was kläglich misslang. Das Fohlen lief um den Pferdehänger herum, während man die Mutterstute bereits verladen hatte. Weil das Fohlen seine Mutter nicht mehr sehen konnte, geriet es in Panik und lief jammervoll wiehernd ziel- und planlos um den Hänger herum. Fünf Leute waren nicht in der Lage, das Fohlen zur Rampe zu treiben, vielmehr verwirrten die Menschen das Fohlen zusätzlich. Schließlich versuchte das Pferdchen, zwischen Auto und Hänger über die Deichsel zu springen, blieb darin aber unglücklicherweise hängen. Man versuchte nun, das Fohlen zu befreien, doch da es aus Panik wild zu strampeln anfing, während die Menschen zupackten, brach es sich dabei ein Bein. Somit wurde das Leben des Fohlens – kaum, dass es angefangen hatte – früh beendet, denn der Beinbruch war nicht mehr heilbar. Wäre das Fohlen mit den Menschen vertraut und halterführig gewesen, hätte es diesen Unfall nie gegeben.

Deshalb sollte auch das Aufhalftern so früh wie möglich durchgeführt werden, damit die jungen Pferde unter Kontrolle gehalten werden können, wenn sie beispielsweise behandelt werden müssen. Wie soll ein Tierarzt das Fohlen impfen, wenn es sich nicht festhalten lässt? Auch Verletzungen können medizinisch nicht versorgt werden, wenn das Pferdekind nicht halterführig ist.

Wenn sich das Pferd nun bereits anfassen lässt, kann man es mit beiden Armen an Brust und Hinterhand umfassen und somit zwischen den Armen fixieren. Dies ist bei noch sehr jungen Fohlen möglich und kann angewandt werden, solange die Pferde noch nicht halterführig sind. Doch schon die Kleinsten wissen oftmals um ihre Kraft und können sich mit etwas Mut schnell aus der „Umklammerung" befreien – vor allem dann, wenn der Tierarzt mit der Spritze kommt oder eine schmerzhafte Verletzung desinfiziert werden soll.

Das Aufhalftern ist deshalb der erste Schritt in Richtung Führen und Kontrollieren mit Halfter. Handzahme Fohlen haben normalerweise kaum ein Problem, sich ein Halfter überstreifen zu lassen, insbesondere dann nicht, wenn sie bereits an eine Bürste und andere alltägliche Gegenstände gewöhnt sind. Nichts spricht dagegen, das Fohlen in dieser Phase bereits mit Decken, Eimern, Plastiktüten und Stricken bekannt zu machen. Im täglichen Umgang mit den Pferden muss ein gezieltes Gewöhnungstraining in diesem Alter aber nicht notwendig sein, da dies in der Regel im Laufe der Zeit automatisch geschieht und die Desensibilisierung auf diese Weise meist sogar einfacher vonstatten geht.

Es ist wichtiger, sich zunächst mit der Gewöhnung an Halfter und Strick zu beschäftigen. Die Anschaffung eines stabilen Fohlenhalfters, das mehrfach verstellbar ist, ist eine notwendige Investition. Wenn sich das Fohlen ohne Scheu anfassen und streicheln lässt, ist es kein Drama, ihm das Halfter überzustreifen und zu befestigen. Zuvor sollte das Fohlen aber Gelegenheit haben, das Halfter ausgiebig zu beschnuppern, um sich von dessen Ungefährlichkeit zu überzeugen. Schließlich zieht man das Halfter langsam über die Nase und schließt die Schnalle des Kehlriemens.

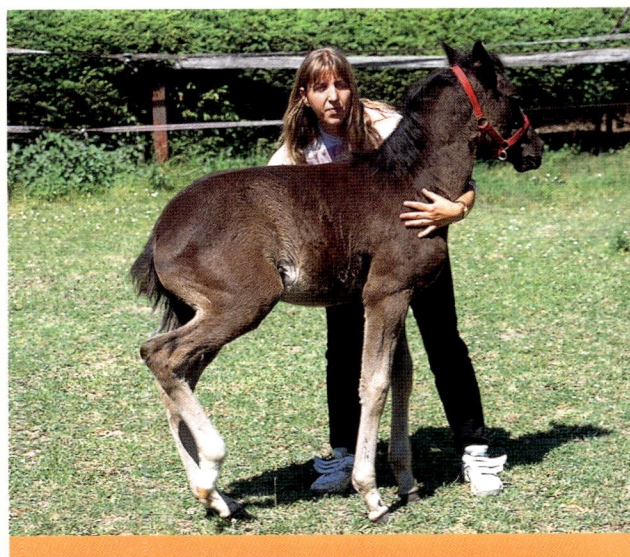

Solange das Fohlen noch nicht halterführig ist, kann man es sehr gut kontrollieren, indem man es mit den Armen an Brust und Hinterhand umfasst.

Möglicherweise wird das Fohlen nun versuchen, das angelegte Halfter abzuschütteln oder durch Abstreifen wieder loszuwerden. Deshalb ist es sehr wichtig, dass man das Fohlen immer unter Aufsicht hat, wenn es das Halfter trägt. Es könnte fatale Folgen haben, wenn das junge Pferd mit dem Halfter irgendwo hängen bleibt. Man darf das Halfter deshalb auch nicht zu locker verschnallen. Kratzt sich das Fohlen mit dem Bein am Kopf, kann es sehr schnell im Halfter hängen bleiben, wenn es zu weit geschnallt worden ist. Selbstverständlich darf das Halfter auch nicht zu eng gezurrt werden, sodass es dem Tier unangenehm ist oder gar Verletzungen wie Scheuer- oder Druckstellen hervorruft.

Grundsätzlich wird das Halfter nicht ohne Aufsicht am Fohlenkopf belassen. Das bedeutet, dass das Halfter auch nicht in der Box oder auf der Weide vom Fohlen getragen wird, sondern immer nur dann, wenn man mit dem Tier arbeitet. Häufiges Auf- und Abhalftern trägt außerdem zusätzlich zur Gewöhnung bei.

Hufe aufheben

Sobald sich das junge Pferd auf seinen langen Beinen gut ausbalancieren kann, sollte das Hufeaufheben geübt werden. Dies ist für die tägliche Hufpflege und damit der Schmied die Hufe von Zeit zu Zeit kontrollieren, ausschneiden und eventuell korrigieren kann notwendig. Vor allem bei Fehlstellungen muss der Schmied womöglich schon sehr früh an den Hufen Korrekturen vornehmen, damit sich das Problem im Alter nicht ausweiten, sondern vielmehr bessern kann.

Um das Hufeaufheben fachgerecht durchzuführen, muss das Fohlen selbstverständlich bereits daran gewöhnt sein, sich überall anfassen zu lassen. Das junge Tier sollte außerdem schon mit dem Tragen des Halfters vertraut sein. Praktisch ist es, wenn man einen Helfer hat, der nun das Fohlen am Halfter festhält. Man beginnt damit, das Pferdekind am ganzen Körper anzufassen und liebevoll zu streicheln. Hierzu geht man vorzugsweise in die Hocke, damit das junge Pferd Vertrauen fasst. Ist das Tier ruhig und

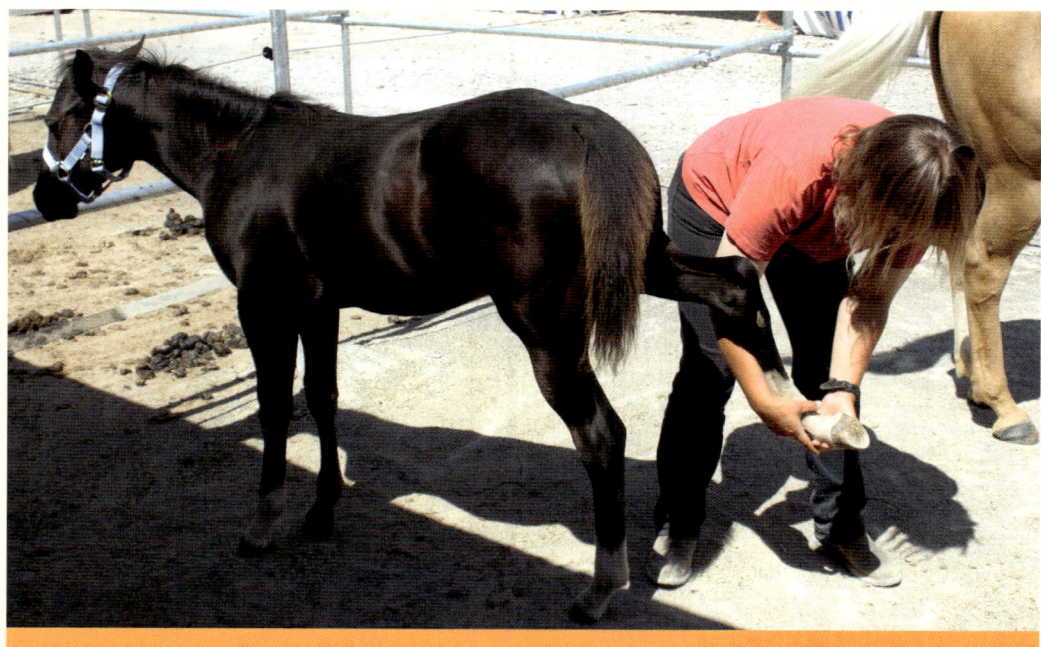

Auch das Hufeaufheben ist schon eine wichtige Lektion für Saugfohlen.

DER UMGANG MIT NEUGEBORENEN FOHLEN

genießt die Prozedur, streicht man langsam am Bein bis zum Fesselgelenk hinab. Man beginnt am besten mit einem Vorderbein, das sich erfahrungsgemäß leichter aufheben lässt als ein Hinterbein. Bevor man das Beinchen nun hochzuheben versucht, muss das Fohlen sein Gewicht auf die anderen drei Beine verlagern, was für das junge Tier wohl der schwierigste Prozess in diesem Augenblick ist. Man hilft dem Fohlen hierbei, indem man sich mit der Schulter vorsichtig gegen den Oberarm des Pferdes lehnt. Damit entlastet das Tier das betreffende Bein und man kann den Huf vom Boden abheben. Jetzt ist es wichtig, dass das Pferd ausgiebig gelobt wird und der Huf bald wieder abgesetzt wird, damit das Tier nicht ängstlich wird. Man wiederholt das Ganze noch ein paar Mal, bis das Fohlen keine Unsicherheit mehr dabei zeigt.

Nun geht man zum nächsten Schritt über und löst den Druck mit der Schulter vom Fohlen langsam, sobald man den Huf aufgehoben hat, damit das Tier lernt, sich selbstständig auf drei Beinen auszubalancieren. Beließe man die Schulter als Stütze am Pferd, würde der kleine Vierbeiner nicht lernen, das Gewicht auf seine eigenen Beine zu verlagern. Ein solches Pferd wird später schwierig zu handhaben sein, weil es ein Teilgewicht immer auf das aufgehobene Bein bringt oder sich gegen den Menschen lehnt. Damit kann das Hufaufheben für den Menschen zur Tortur werden.

Nimmt man frühzeitig die helfende Stütze weg, lernt das Pferd, sich selbst auszubalancieren. Dabei ist es außerdem besonders wichtig, dass man weder das Fesselgelenk des jungen Tieres zu fest umklammert noch das Bein seitwärts vom Körper wegzieht. Beides ist für das Pferd unangenehm und kann provozieren, dass der Vierbeiner versucht, sein Bein wegzuziehen. Auch sollte man den Huf nicht unter den Bauch ziehen oder die Gelenke zu stark beugen, weil man so extremen Stress in den Gelenken – vor allem im Fessel- und Karpalgelenk – auslöst. Dies kann zu Bänderüberdehnungen und anderweitigen Verletzungen führen. Da sich das Fohlen noch im

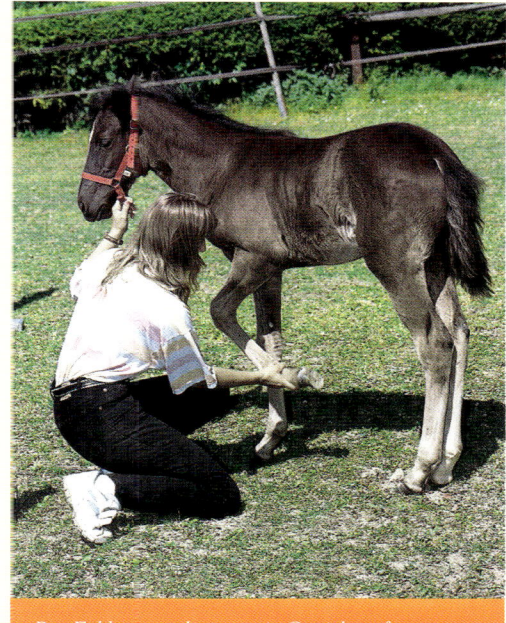

Das Fohlen muss lernen, sein Gewicht auf drei Beinen auszubalancieren, wenn der Huf aufgehoben wird.

Wachstum befindet, sind die Knochen- und Bänderstrukturen sehr weich und verletzlich. Also ist vorsichtiger Umgang geboten, um Überdehnungen zu vermeiden. Man sollte das Beinchen nur so weit hochheben, dass das Röhrbein etwa eine Waagerechte zum Boden bildet und das Karpalgelenk ungefähr einen Winkel von 90 Grad aufweist.

Gelingt das Aufheben mit einem Bein schon recht gut, geht man auf dieselbe Weise mit den anderen drei Beinen vor. Bei den Hinterbeinen gilt es darauf zu achten, dass man den Huf gerade nach hinten unter dem Körper herausführt, damit das Kniegelenk nicht verdreht wird. Seitliches Herausziehen würde wiederum Stress im Knie-, Sprung- und Hüftgelenk erzeugen.

Beim Absetzen der Hufe ist es besonders wichtig, dass man diese sanft auf dem Boden abstellt. Würde man die Beinchen einfach loslassen, was häufig beobachtet wird, könnte der Huf auf den Boden knallen, was dem Pferd starke Schmerzen verursacht. Im schlimmsten Fall kann dabei sogar das Hufbein brechen. Ist es das Pferd gewohnt, dass der Besitzer sein Bein einfach loslässt, wird es zwar darauf gefasst sein, aber deswegen auch einen erhöhten Muskeltonus aufrechterhalten, um den Huf frühzeitig abfangen zu können, bevor er auf den Boden knallt. Dies führt zu Verspannungen und Unbehagen. Solche Pferde ziehen während des Beschlagens oder Hufauskratzens schon häufiger mal das Bein weg und bleiben nicht ruhig stehen.

Die ersten Führversuche

Ist das Pferdchen nun an das Halfter gewöhnt und lässt es sich auch sonst gut mit ihm umgehen, ist es an der Zeit, es halfterführig zu machen. Man befestigt zu diesem Zweck einen stabilen Führstrick am Halfter. Die Führlektion ist eine der wichtigsten im Leben eines Pferdes, weil sie jeden Tag abgerufen wird und mitverantwortlich dafür ist, ob sich das Handling des Pferdes in Zukunft einfach oder schwierig gestaltet.

Das Pferd muss lernen, dem Menschen vertrauensvoll und gehorsam am Führstrick zu folgen. Der Grundstock hierzu wurde bereits gelegt, indem man dem Pferdebaby beigebracht hat, sich anfassen und aufhalftern zu lassen. Damit ist es nicht mehr allzu schwierig, das Fohlen zu lehren, wie man sich führen lässt. Am einfachsten ist es, wenn man nun auch die Mutterstute als „Magneten" einsetzt, um dem Fohlen klarzumachen, was man von ihm will. Deshalb ist ein zweiter Helfer, der die Mutterstute am Halfter führt, sehr praktisch.

Das Fohlen wird bestrebt sein, seiner Mutter zu folgen. Diesen Faktor nutzt man zunächst aus, um das junge Tier in die entsprechende Richtung zu bewegen. Der Fohlenführer greift den Führstrick etwa zwanzig Zentimeter unterhalb des Halfterringes. Das Ende des Führstricks nimmt man in die andere Hand. Achtung! Schon beim Fohlenführen ist es wichtig, den Strick niemals um die Hand zu wickeln. Erschrickt das Tier und versucht sich loszureißen, ist es besser, wenn man den Strick loslas-

Bei den ersten Führversuchen setzt man die Mutterstute als Magnet ein.

DER UMGANG MIT NEUGEBORENEN FOHLEN

sen kann, als dass das Pferd einen über den Asphalt schleift. Auch Fohlen haben schon mehr Kraft als der Mensch und sind dazu durchaus fähig. Außerdem wird ein Saugfohlen sowieso nicht weit weglaufen, sondern stets in der Nähe seiner Mutter bleiben. Trotzdem sollte das Führtraining zunächst in umzäuntem Bereich stattfinden, wo sich Mutter und Fohlen sicher fühlen und möglichst wenig Störeinflüsse auf die Tiere einwirken. Nur so kann in vertrauensvoller Atmosphäre ruhig und bedacht gearbeitet und können Unfälle weitestmöglich ausgeschlossen werden.

Man beginnt nun, den Stutenführer einige Meter vorauszuschicken und setzt sich ebenfalls in Bewegung, um dem Muttertier zu folgen. Manche Fohlen folgen auf Anhieb, andere aber bleiben wie angewurzelt stehen und wiehern der Mutter bestenfalls nach, folgen ihr aber nicht. Ist dies der Fall, darf der Stutenführer sich mit dem Muttertier nicht zu weit entfernen, damit das Fohlen nicht ängstlich wird. Auch Ziehen am Führstrick ist nicht der richtige Weg, ein Fohlen vorwärts zu bewegen. Vielmehr greift man mit einer Hand an die hintere Oberschenkelmuskulatur und schiebt das junge Tier sachte an. Daraufhin setzen sich die meisten Fohlen in Bewegung.

Springt das Fohlen übermütig weg, lässt man den Führstrick lang und versucht, nicht zu viel Zug auf den Kopf des Fohlens zu übertragen, sondern den Wildling sanft zu bändigen. Zu abrupter Druck – vor allem im Genick des Fohlens – kann schwerwiegende Folgen haben. Die Strukturen des jungen Pferdes sind noch sehr weich und vor allem am Genick verlaufen empfindliche Nervenstränge, die verletzt werden könnten. Deshalb verurteilen manche Züchter das frühe Führtraining des Pferdes. Ich denke jedoch, dass die verantwortungsvolle Handhabung von Halfter und Führstrick keinen Schaden anrichten kann. Allerdings sollte man sehr junge Fohlen noch nicht anbinden, um derartige Verletzungen zu vermeiden. Harte Pulls am Führstrick sind aber ebenso tabu, um Unannehmlichkeiten und Verletzungen auszuschließen.

Die Führperson muss verantwortungsvoll mit Halfter und Führstrick umgehen können.

Der Fohlenausbilder muss verantwortungsbewusst mit Halfter und Führstrick umgehen, damit Verletzungen und Unannehmlichkeiten für das Fohlen ausgeschlossen werden.

Das Fohlen versteht das Anschieben mit der Hand am Oberschenkel besser als einen Zug mit dem Führstrick. Bald wird es aber auch begreifen, dass ein sanftes Zupfen mit dem Strick bedeutet, der Führperson zu folgen. Etwas Geduld muss man aber schon aufbringen, denn das Fohlen ist in erster Linie auf seine Mutter fixiert und nimmt den Menschen zunächst nur oberflächlich wahr. Somit ist es nicht vollständig auf die Führperson konzentriert. Das Nichtbefolgen der ersten Aufforderungen hat deshalb nichts mit Unwillen zu tun, sondern vielmehr mit Unverständnis beziehungsweise Unaufmerksamkeit.

Es ist selbstverständlich notwendig, die Aufmerksamkeit des Fohlens zu erlangen, damit es die Kom-

Kennt das Fohlen das Führen am Führstrick noch nicht oder gibt sich unsicher, hilft man ihm, indem man es mit der Hand am Oberschenkel anschiebt.

mandos zunächst einmal akustisch aufnehmen kann, doch übertreiben darf man es anfangs nicht. Das Fohlen kann sich ohnehin erst wenige Minuten lang konzentrieren. Es ist für das junge Tier außerdem besonders wichtig, dass es den Kontakt zur Mutter nicht verliert. Darum kann man die Aufmerksamkeit des kleinen Vierbeiners nur gewinnen, wenn die Mutterstute in unmittelbarer Nähe ist und vom Fohlen gesehen werden kann. Erst wenn das Pferdebaby gewiss sein kann, dass die Mutter in der Nähe ist, wird es bereit sein, seine Aufmerksamkeit dem Menschen zuzuwenden.

Häufige verbale Wiederholungen und sanfte Signale mit dem Führstrick werden nun bald dazu führen, dass das Fohlen schrittchenweise folgt. Es dauert dann nicht mehr lange, bis das Tier versteht, was es tun soll. Läuft das staksige Pferdchen nun schon brav am Führstrick mit, darf man in dieser Phase niemals auf den Gedanken kommen, es zu weit von der Mutter wegzuführen. Auch beim Führtraining sollte man Unsicherheiten vermeiden. Sicherheit gibt dem Fohlen in erster Linie die Mutter.

Vorsicht ist geboten, wenn das Fohlen dazu neigt, nach vorne wegzuspringen. Bremst man den Vorwärtsdrang zu abrupt mit dem Führstrick ab, werfen die jungen Pferde den Kopf hoch und steigen dabei häufig. Nun besteht die ernsthafte Gefahr, dass sich das Fohlen nach hinten überschlägt. Derartige traumatische Erlebnisse, die auch sehr leicht zu Verletzungen führen können, sollte man tunlichst vermeiden.

Sollte das Fohlen nach längeren Bemühungen aber immer noch nicht verstanden haben, dass es am Führstrick folgen soll, kann man es mit dem „Komm-mit-Seil" probieren. Dabei wird der genügend lange Führstrick oder ein zweiter separater Strick über dem Pferderücken gekreuzt und unter dem Schweif über die Oberschenkel des Fohlens gelegt. Diese Methode eignet sich auch für ältere Fohlen, die bereits so groß sind, dass man Schwierigkeiten hat, sie mit der Hand zu umfassen. Mit dem zweiten Seil übt man sanften Druck aus und bringt das junge Tier auf diese Weise dazu vorwärts zu gehen. Voraussetzung für diese Art des Führtrainings ist, dass sich das Pferd am ganzen Körper berühren lässt und das Seil um seine Hinterhand ohne Widerstand duldet. Wird das Fohlen jedoch unruhig oder ängstlich, ist es angebracht, das Tier zuerst auf sämtliche Berührungen genügend zu desensibilisieren, bevor man das „Komm-mit-Seil" in Anwendung bringt.

Lernen an der Seite der Mutter

Die Bindung an die Mutter verhindert einige Aktivitäten mit dem Fohlen, die man auf später verschieben muss. Es ist aber noch gar nicht wichtig, während der Säugezeit schon zu viel zu unternehmen,

DER UMGANG MIT NEUGEBORENEN FOHLEN

denn die Zeit nach dem Absetzen ist hierfür oftmals wesentlich besser geeignet. Man kann dem jungen Pferd den Trennungsschmerz nach dem Absetzen durch viele Aktivitäten mildern und die Gelegenheit nutzen, die eigene Bindung zum jungen Pferd zu stärken. Die Kunst der erfolgreichen Fohlenaufzucht und -erziehung liegt darin, die geeigneten Lektionen zur richtigen Zeit anzugehen.

Die Säugezeit in den ersten sechs bis neun Monaten ist für Lektionen geeignet, in denen man ein zweites Pferd als Vorbild oder Leitpferd verwendet, um das rohe Tier schneller und bequemer an bestimmte Aufgaben heranzuführen. Das beste Leitpferd ist für das Fohlen selbstverständlich die Mutterstute. Die starke Bindung an die Mutterstute nutzt man bei den folgenden Lektionen aus, um ein spielerisches Lernen zu ermöglichen. Einfacher als auf diese Weise kann man einem Pferd nichts beibringen.

Mitlaufen am Bauchgurt

Ein sehr gutes Führtraining ist es, das Fohlen an die Mutter zu koppeln. Dazu verwendet man für die Mutterstute einen speziellen Bauchgurt, an den das Fohlen gebunden wird. Das oben beschriebene Führtraining sollte aber zuvor schon durchgeführt worden sein, damit das Fohlen bereits die Grundsätze kennt und willig mitläuft. Wird das Pferdebaby allerdings sozusagen „ins kalte Wasser" geworfen und ohne Vorbereitung an den Bauchgurt gebunden, wird es sich möglicherweise vehement wehren, steigen oder panisch am Strick zerren. Stürze und Verletzungen sind dabei nicht ausgeschlossen. Auch die Nähe der Mutter wird das Fohlen in dieser Situation nicht beruhigen.

Wer seinen Youngster auf einer Zuchtschau vorstellen will, muss ihn sowieso daran gewöhnen, am Bauchgurt mitzulaufen, da diese Art der Fohlenvorstellung vom Veranstalter in der Regel vorgeschrieben ist. Dabei macht es einen guten Eindruck, wenn das Fohlen nicht am Strick zerrt, vorwärts springt oder seine Beine in den Boden stemmt. Je öfter man das Pferdebaby am Bauchgurt mitlaufen lässt, desto

Die Bindung des Saugfohlens an die Mutter kann man für verschiedene Lektionen ausnutzen.

sicherer wird es. Die Nähe seiner Mutter gibt dem jungen Tier zusätzlich Sicherheit. Deshalb fügen sich die Fohlen recht schnell und laufen bald freudig neben der Mutter am Strick mit.

Das Koppeln an den Bauchgurt der Mutter ist aber auch bei Spaziergängen mit Mutterstute und Fohlen recht praktisch, wenn man keinen Helfer hat, der die Mutterstute oder das Fohlen separat führt. Somit kann man das Fohlen schon früh an die Gegebenheiten im Gelände gewöhnen. Es ist außerdem ein besonderes Erlebnis für das junge Fohlen, wenn es schon früh die Gefahren im Gelände kennenlernt. Da die Prägephase einige Wochen andauert, kann die Gewöhnung an den Straßenverkehr zu dieser Zeit sehr dazu beitragen, ein sicheres Geländepferd zu erziehen.

Wenn man das Fohlen an die Mutter anbindet, muss es als Selbstverständlichkeit angesehen werden, dass die Mutterstute selbst absolut gelände- und straßensicher ist. Ein Seitensprung könnte das Foh-

Das Koppeln des Fohlens an die Mutter ist ein sehr gutes Führtraining. Nach anfänglichem Zögern folgt das Fohlen bald willig an der Seite seiner Mutter.

len in Gefahr bringen, aber auch den führenden Menschen. Außerdem würde das Fohlen lediglich lernen, sich vor dem Straßenverkehr oder anderen Sachen im Gelände, vor denen die Mutter erschrocken ist, ebenfalls zu fürchten.

Für gewöhnlich bindet man das Fohlen auf der rechten Seite der Mutterstute am Bauchgurt an. Zwecks gleichmäßiger Ausbildung, die dem Fohlen auch später als Reitpferd zugutekommen wird, sollte das junge Tier aber auch daran gewöhnt werden, sich von der rechten Seite aus führen zu lassen. Somit ist es zu Übungszwecken auch sinnvoll, das Saugfohlen auch mal auf der linken Seite seiner Mutter mitlaufen zu lassen. Hierzu führt man die Mutterstute selbstverständlich von der rechten Seite aus. Notwendigerweise muss die Mutter das Führen von der rechten Seite aus gewohnt sein. Doch Vorsicht! Dieses Führtraining darf nicht im Straßenverkehr praktiziert werden! Da Pferde stets auf der rechten Seite der Straße geführt und geritten werden müssen, sollte man dafür sorgen, dass die Tiere vom Verkehr abgeschirmt sind. Das bedeutet, dass der Führende stets auf der verkehrszugewandten Seite geht. Infolgedessen läuft das am Bauchgurt angebundene Fohlen immer rechts von der Mutter – somit ist es vor den Gefahren des Straßenverkehrs durch die Mutterstute geschützt.

> **Das Fohlen wird im Straßenverkehr immer auf der verkehrsabgewandten Seite mitgeführt.**

Beim Anbinden des Fohlens an den Bauchgurt der Mutter gilt es einige Sicherheitsvorkehrungen zu treffen. Zunächst darf der Strick nicht zu lang, aber auch nicht zu kurz sein. Mit einem zu langen Anbindeseil könnte das Fohlen den Kopf auf den Boden senken und mit einem Bein möglicherweise über den Strick treten. Panikreaktionen, Stürze und infolgedessen Verletzungen sind dabei vorprogrammiert. Bei zu kurzem Strick hingegen wird das Fohlen durch ständigen Druck im Genick gestresst, was sowohl gesundheitliche Schäden als auch psychischen Stress verursachen kann. Eine angemessene Bewegungsfreiheit ist deshalb wichtig. Selbstverständlich darf sämtliches verwendetes Material keine Mängel in der Verarbeitung oder Verschleiß aufweisen. Reißt die Öse am Bauchgurt aus oder ist gar das Fohlenhalfter brüchig, erlangt das junge Tier unvermutet die Freiheit, kann dies unter Umständen (beispielsweise im Straßenverkehr) zu lebensgefährlichen Situationen führen. Deshalb ist im Umgang mit Pferden immer doppelte Vorsicht geboten. Insbesondere gilt dies, wenn man zwei Pferde zu kontrollieren hat.

DER UMGANG MIT NEUGEBORENEN FOHLEN

Erste Geländeerfahrung

Gelingt das Führen des Fohlens sowohl am Führstrick als auch am Bauchgurt der Mutter festgebunden nun recht ordentlich, kann man die ersten Ausflüge ins Gelände wagen. Es ist durchaus sinnvoll, das Fohlen schon frühzeitig an die Begebenheiten im Gelände zu gewöhnen. Wie gesagt – an der Seite der Mutter lernt es sich am einfachsten. Und das Gelände hält viele Überraschungen und Herausforderungen bereit. Sein Leben lang wird ein Pferd mit den Begebenheiten im Gelände konfrontiert und gefordert sein. Von der Fähigkeit, mit diesen Begebenheiten umgehen zu können, hängt die Sicherheit des Reiters ab.

Für die ersten Ausflüge an der Seite der Mutter sind weite Strecken zunächst zu vermeiden, denn – obwohl das Fohlen viel Tatendrang und Übermut zeigt –, das junge Tier wird bald müde werden und eine Pause in Form eines ungestörten Nickerchens benötigen. Deshalb genügt ein Spaziergang von 15 bis 20 Minuten vorerst vollends.

Wenn das Fohlen nicht am Bauchgurt befestigt, sondern geführt wird, während man die Mutterstute einem Helfer überlässt, hat es sich bewährt, es hinter der Mutter zu führen. Im Straßenverkehr kann dies aber problematisch sein. Wird das Fohlen durch den von hinten herannahenden Verkehr unruhig, ist es besser, die Tiere nebeneinander zu führen, wodurch in der Regel aber auch die ganze Fahrbahn blockiert wird. Doch die Sicherheit von Mensch und Tier muss Vorrang haben.

Im Gelände wird das Fohlen stets so geführt, dass es die Mutterstute gut sehen kann. Im Wald oder auf freiem Feld kann das Fohlen auch frei mitlaufen, wenn sich keine Gefahrenquellen in Form von Straßenverkehr, unübersichtlichen Gräben und dergleichen in der Nähe befinden. Das Fohlen wird die Gelegenheit nutzen, um auf Entdeckungsreise zu gehen. Neugierig wird es die Blumen am Wegesrand beschnuppern, hier einen Grashalm abrupfen und dort aufgeregt einen Gully untersuchen. Dabei wird es aber seine Mutter immer im Blickfeld behalten. Je

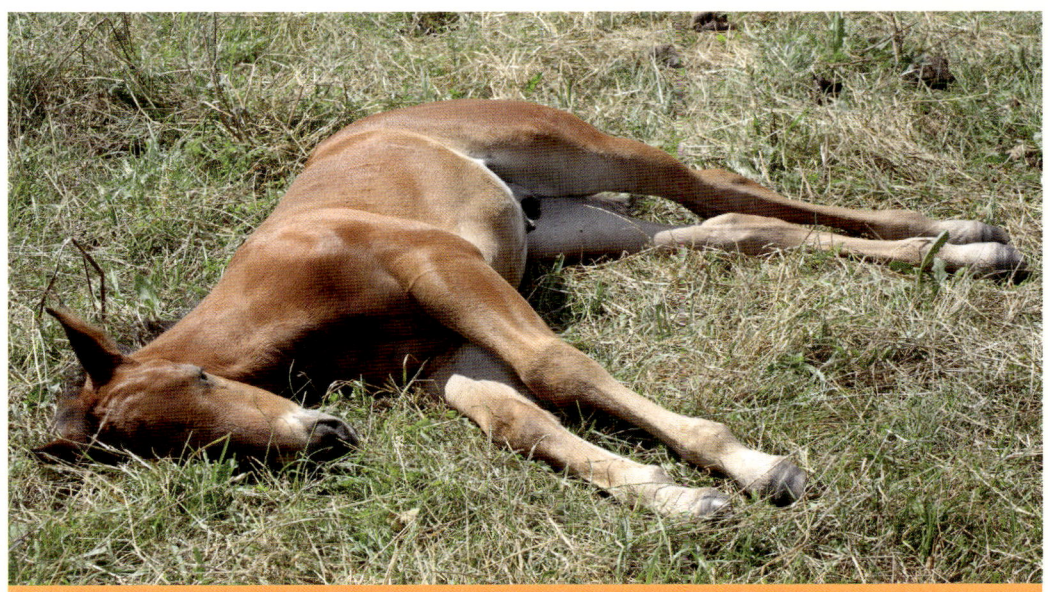

Bei Geländeausflügen muss man daran denken, dass Fohlen schnell müde werden und eine Ruhepause brauchen. Deshalb sind die ersten Ausflüge auf etwa zwanzig Minuten zu beschränken.

öfter man das Unternehmen „Geländespaziergang" praktiziert, desto sicherer wird das junge Tier werden und sich schließlich immer weiter von der Mutter entfernen.

Es ist in dieser Phase besonders wichtig, das Fohlen stets im Auge zu behalten. Eine kleine Unaufmerksamkeit seitens des Fohlens, während man mit der Mutterstute um die Ecke biegt, hat zur Folge, dass der Blickkontakt verloren geht. Plötzlich fühlt sich das Fohlen alleine und wird panisch nach seiner Mutter wiehern und aufgeregt umherlaufen. Dieses traumatische Erlebnis kann sich einprägen und die Entwicklung zur Selbstständigkeit des junges Tieres stören. Möglicherweise bekommt man es dann später mit einem stark klebenden Pferd zu tun.

Es ist normal, wenn sich das Fohlen bis zu 100 Meter zurückfallen lässt, um interessante Gegenstände zu untersuchen. Dann wird es in schnellem Galopp folgen, die Mutter möglicherweise auch überholen, um sich einen Vorsprung zu verschaffen,

Läuft das Fohlen in ungefährlichem Gelände frei mit, wird es auf Entdeckungsreise gehen und fröhlich herumtollen. Da kann es schon mal vor Übermut auf der Nase landen, wie hier das Warmblut-Stutfohlen „Comtesse".

damit es Zeit hat, sich um andere neue Dinge zu kümmern. Je temperamentvoller das junge Fohlen ist, desto ungestümer wird es sich auch im Gelände benehmen. Damit läuft es Gefahr, sich aus Unachtsamkeit zu verletzen. Deshalb ist es wichtig, dem Fohlen nur in wirklich ungefährlichem Gebiet Freilauf zu gewähren.

Nach einigen Wochen kann die Mutterstute nun auch wieder ruhig geritten werden. Hat das Fohlen in der Zwischenzeit gelernt, am Führstrick oder Bauchgurt zu folgen, ist es kein Problem, es als Handpferd mit ins Gelände zu nehmen. Durch den häufigen Umgang und das vorausgegangene Führtraining hat das Fohlen mittlerweile genügend Vertrauen zum Menschen. Wenn die Beziehung zum Besitzer gut gefestigt ist, kann das Fohlen jederzeit auch bei einem Ausritt frei mitlaufen. Kommt man in die Nähe einer Straße oder einer anderen Gefahrenstelle, genügt oft schon ein Zuruf, damit das Fohlen herankommt, um es frühzeitig an den Führstrick zu nehmen. Abstei-

An der Seite der Mutter lernt das junge Pferd frühzeitig die Gefahren im Gelände kennen. Es bietet sich an, das Fohlen – wenn die Mutterstute nach einigen Wochen wieder geritten wird – als Handpferd ins Gelände mitzunehmen. Dafür muss es allerdings schon gut halfterführig sein.

DER UMGANG MIT NEUGEBORENEN FOHLEN

gen, Nachlaufen und umständliches Einfangen des Fohlens ist bei einem gut erzogenen Fohlen nicht notwendig.

Während eines Spazierganges oder Ausrittes ist darauf zu achten, dass das Fohlen etwa alle zehn Minuten ans Euter der Stute will, um zu trinken. Dies muss man dem Fohlen selbstverständlich gewähren und für diese Zeit den Ritt unterbrechen.

Ist das Fohlen ans Mitlaufen am Bauchgurt der Stute gewöhnt, kann man es nun auch vom Sattel aus am Ring für das Vorderzeug oder beim Westernsattel am Sattelknauf anhängen. Will man jedoch traben und galoppieren, ist es besser, den Führstrick des Fohlens in der Hand zu halten. Sollte das Fohlen stolpern oder übermütig wegspringen, könnte es durch die eingeschränkte Bewegungsfreiheit zu Fall kommen. Schwere Verletzungen können die Folge sein, wenn es dann am Sattel festhängt.

Die Bindung des Saugfohlens an die Mutter kann man für verschiedene Lektionen ausnutzen.

Das Araberfohlen „Silver Diamond" lernt ohne Zwang – mit spielerischer Neugierde –, wie es mit den Geländebegebenheiten umgehen muss.

Das Überqueren von Brücken oder anderen Geländehindernissen wird für das Fohlen zur Selbstverständlichkeit.

In schwierigen Situationen ist es ebenfalls nicht sinnvoll, das Fohlen anzuhängen. Durchquert man einen Bach und scheut sich das Fohlen, ins Wasser zu treten, da ihm dieses Element neu ist, kann es ein Trauma erleiden, wenn es am Strick zwangsweise ins Wasser gezogen wird. Vielmehr macht man sich die Bindung zur Mutter zunutze und reitet mit der Stute voran. Allerdings darf man nach der Überquerung des Baches nicht einfach weiterreiten, sondern muss geduldig warten, bis sich das Fohlen überwinden kann, zu folgen. Je nach Situation ist es oftmals besser, im Wasser stehen zu bleiben. Man muss aber damit rechnen, dass das Fohlen plötzlich einen weiten Satz in den Bach macht und direkt auf die Mutter zuspringt.

Es macht ungeheueren Spaß zuzusehen, wie das neugierige Fohlen mit dem Element Wasser umgeht. Es wird möglicherweise mit den Hufen stampfen oder das Nass anprusten, dass sich das Wasser kräuselt. Davor erschrickt das kleine Pferdchen vielleicht und springt unvermittelt mit allen vieren in die Luft. Auf diese Weise lernt es spielerisch und bereitet sich so bestens auf die späteren Anforderungen als Reitpferd vor.

Ähnlich geduldig muss man sich beim Überqueren von Brücken oder anderen Geländehindernissen zeigen. Nie sollte man aber in diesem Stadium Gewalt anwenden und das Fohlen mit der Gerte über ein Hindernis treiben oder es am Führstrick nachziehen. Die Erziehung und Ausbildung soll schließlich auf den Grundsätzen des Vertrauens erfolgen und möglichst zwanglos vonstatten gehen. Hinzu kommt, dass das Fohlen mindestens drei Jahre Zeit hat, sich mit den Gegebenheiten auseinanderzusetzen, bis der Ernst des Lebens als Reitpferd beginnt. In dieser Zeit sollte man dem Fohlen gönnen, als „Pferdekind" aufzuwachsen und mit kindlicher Neugierde an die Sache heranzugehen.

Hänger fahren

Mit Ausflügen ins Gelände hört das Lernen an der Seite der Mutter aber noch lange nicht auf. Der Besuch von verschiedenen Veranstaltungen kann eben-

DER UMGANG MIT NEUGEBORENEN FOHLEN

so eine Bereicherung im Leben eines Fohlens darstellen, wenn dabei keine Hektik auf das Fohlen übertragen wird, die bei derartigen Unternehmungen häufig an den Tag gelegt wird. Deshalb entscheidet man sich besser nicht gleich für einen Turnierbesuch, da Turnierprüfungen viel Stress für Reiter und Pferd bedeuten. Ein hierzu mitgebrachtes Fohlen erhöht die Stresssituation sowohl beim Reiter als auch bei der Mutterstute ohne Zweifel. Dies überträgt sich unmittelbar auf die Psyche des Fohlens, das dabei lernt, dass Turnierveranstaltungen stressig sind. Dies ist eine negative Erfahrung, die man möglichst vermeiden sollte.

Akzeptabel ist der Turnierbesuch dann, wenn der Reiter der Mutterstute nicht mit der Einstellung des Gewinnenwollens auf ein Turnier fährt, sondern die Belange des Fohlens im Vordergrund stehen. Es genügt dabei schon, die Stute nur auf dem Abreiteplatz zu reiten, ohne in einer Klasse zu starten. Für das Fohlen macht es keinen Unterschied, ob Mama eine Prüfung mitgeht oder nicht. Doch der Stressfaktor kann dabei erheblich minimiert werden.

Das Fohlen soll spielerisch lernen und deshalb bieten sich in erster Linie Ausflüge an, die man aus Spaß an der Freude unternimmt. Viele Veranstaltungen sind hierfür geeignet, so zum Beispiel Umritte und ländliche Kleinturniere mit Schauprogramm und Reiterspielen. Ganz abgesehen davon, dass es für den Pferdebesitzer ein neues und interessantes Ereignis ist, das Fohlen mitzunehmen, werden Mutter und Fohlen sicherlich die Blicke der anderen Reiter sowie Zuschauer auf sich ziehen. Zweifellos steht bei jeder Veranstaltung das Fohlen im Mittelpunkt, welches immer eine Bereicherung darstellt.

Häufig ist es auch notwendig, Mutter und Fohlen zu verladen, um sie zu einer Stutenschau mit Fohlenbrennen zu transportieren, damit das Fohlen ein Brandzeichen und Papiere bekommt.

Grundsätzliche Voraussetzung für einen Besuch von Veranstaltungen ist das Verladen und Transportieren in einem Pferdeanhänger. Deshalb steht dies zunächst auf dem Programm der Fohlenschule. Es ist unsinnig, gleich beim ersten Verladen auf eine Veranstaltung zu fahren, da zu viel Neues auf das Jungtier einströmt. Stress, Hektik und Unsicherheit machen sich breit, was keine gute Voraussetzung ist, ein Pferd an solche Unternehmungen zu gewöhnen. Deshalb muss man Schritt für Schritt vorgehen. Das Verladetraining ist eines der wichtigsten Dinge, die ein Pferd im Leben lernen muss, da es unter Umständen lebensnotwendig sein kann. Im Falle einer Kolik, die schnell in einer Klinik operiert werden muss, ist das sichere Verladen beispielsweise unabdingbar, will man keine kostbare Zeit verlieren.

Das Verladen ist eine Lektion, die das Fohlen hervorragend an der Seite seiner Mutter lernen kann.

> **Das Verladen und Transportieren ist eine der wichtigsten Lektionen, die ein Pferd lernen muss.**

Die Zeit, in der das Fohlen bei Fuß läuft, sollte man ausnutzen, um das Verladen zu üben, denn an der Seite der Mutter geschieht dies fast wie selbstverständlich. Eine Grundvoraussetzung ist natürlich, dass sich zunächst die Mutterstute problemlos verladen lässt.

Man bereitet den Transporter vor, indem man die Trennwand entfernt, um genügend Platz für Mutter und Fohlen zu schaffen. Es gibt die unterschiedlichsten Ausführungen von Pferdehängern, die mehr oder weniger für den Transport von Stute und Fohlen geeignet sind. Schon beim Kauf sollte man als Züchter deshalb auf spezielle Punkte achten, um Mutter und Kind sicher zu transportieren.

Grundlegende Anforderungen an einen Pferdehänger sind: heller Innenraum, lange und niedrige Rampe, rutschfester Boden sowie grundsätzlich verletzungssichere Ausführung. Für den Transport der Mutterstute mit Fohlen sind noch weitere Merkmale zu beachten, die nicht jeder Hänger bietet. Da die Trennwand eines Zwei-Pferde-Anhängers entfernt werden muss, entfallen dabei automatisch die Begrenzungsstangen vorne und hinten. Es gibt aber Transporter, die eine durchgehende Bruststange haben, die trotz herausgenommener Trennwand im Hänger belassen oder speziell eingesetzt werden kann. Sie bietet der Stute bei Bremsmanövern die nötige Sicherheit.

Ein zweiter Aspekt, den man beim Fohlentransport beachten muss, ist die Sicherung der offenen Lücke oberhalb der Laderampe. Sie muss – je nach Hängerausführung – mit der Plane oder Klappe verschlossen werden, damit das Fohlen, welches stets unangebunden transportiert wird, nicht auf die Idee

Die Notwendigkeit eines Transports von Mutterstute und Fohlen kann schon früh eintreten, deshalb ist das Verladen ein sehr wichtiger Lernschritt. Beim ersten Verladen sollte man mit dem Fohlen sehr geduldig sein, bis es sich traut, der Mutter in den Hänger zu folgen.

DER UMGANG MIT NEUGEBORENEN FOHLEN

kommt, über die Rampe ins Freie zu springen. Dabei allseitig umschlossenem Transporter die Luft nicht zirkulieren kann und es in dem kleinen Raum sehr schnell stickig wird, empfiehlt es sich – anstatt den Hänger mit der Plane oder Klappe zu verschließen –, ein spezielles Fohlengitter anzubringen, welches den Weg in die Freiheit verwehrt. Dieses Fohlengitter beziehungsweise das Verschließen der hinteren Öffnung durch Plane oder Klappe ist zwingend notwendig, damit das Fohlen während der Fahrt nicht aus dem Hänger auf die Straße springt. Die Folgen davon kann sich jeder selbst ausmalen und derartige Unfälle hat es schon öfter gegeben.

Verfügt der Transporter über die notwendigen Sicherheitsmaßnahmen, kann man sich auf das Abenteuer Hängerfahrt einlassen. Zunächst gilt es, das Fohlen samt Mutter sicher zu verladen. Dazu benötigt man mindestens einen Helfer, der die Mutterstute voraus in den Hänger führt. Das Fohlen folgt führenderweise der Stute. Wenn das Jungtier der Mutter ohne zu zögern sofort in den Hänger folgt, hat man Glück gehabt. Meistens aber bleiben die Kleinen vor der Rampe wie angewurzelt stehen und gucken verdutzt in das dunkle Loch des Hängers. Sie sehen keineswegs eine Veranlassung, die Rampe des Transporters zu betreten. Da sich die Mutterstute sichtlich nicht weiter entfernt, findet das Fohlen seine Position vor der Rampe durchaus in Ordnung.

Jetzt ist das Geschick des Fohlenführers gefragt, der hoffentlich bereits das Vertrauen des kleinen Pferdchens gewonnen hat. Es hat keinen Sinn, nun am Führstrick zu ziehen, denn selbst Fohlen sind kräftemäßig dem Menschen weit überlegen. Geduld, gutes Zureden und kleine Schiebehilfen am Unterschenkel des Fohlens helfen am besten, das Pferdebaby dazu zu überreden, auf die Rampe zu treten. Oftmals ist den jungen Pferden das dumpfe Geräusch, das ihre Hufe auf der Rampe verursachen, nicht geheuer. Dies ist meist der einzige Grund, weshalb

sie das Betreten der Rampe vermeiden wollen. Das Führen über Bretter kann im Vorfeld deshalb ein gutes Vorbereitungstraining darstellen.

Da sich das wohlerzogene Fohlen ohne Widerstand die Beine aufheben lässt, kann man ihm helfen, indem man ein Vorderbein hochnimmt und es auf die Rampe stellt. Schritt für Schritt bewegt man so das „erstarrte" Pferdebaby vorwärts, bis es vollständig auf der Laderampe steht. Bald wird es dann auch erkennen, dass es auf diese Weise seiner Mutter näher kommt, und schließlich für gewöhnlich die restlichen Schritte in den Hänger selbstständig vollziehen.

Allerdings kann es auch passieren, dass sich das Fohlen stärker wehrt und mit allen vieren von der Rampe springt oder gar zu steigen versucht. In diesem Fall muss man noch vorsichtiger und geduldiger vorgehen. Bloß nichts erzwingen! Im Grunde möchte das Fohlen ja in den Transporter steigen, denn schließlich will es zu seiner Mutter. Doch es braucht Zeit, um sich mit der Situation auseinanderzusetzen und sich zu überwinden. Es ist ebenso unklug, das Fohlen nun mit der Gerte vorwärtszutreiben oder es von der Rampe wegzuführen, um es neu heranzuführen. Durch die Gerte wird zu viel Zwang und Druck auf das junge Tier ausgeübt, dem es nicht standhalten kann und der psychische Probleme verursacht. Das Wegführen von der Rampe bedeutet für das Fohlen auch, dass es von seiner Mutter weggeführt wird. Auch dies ist nicht der richtige Weg. Deshalb lässt man das Fohlen am besten einfach vor der Rampe stehen. Irgendwann siegt die natürliche Neugierde und das junge Tier wagt sich vorwärts. Selbstverständlich darf es die Laderampe beschnuppern, um sich von ihrer Ungefährlichkeit zu überzeugen.

Sobald das Fohlen den Transporter betreten hat, darf es diesen mit seiner Mutter wieder verlassen. Erst nachdem das Fohlen ohne zu zögern sicher auf den Hänger folgt, was erst nach einigen Versuchen der Fall sein wird, darf die Klappe verschlossen werden. Die Mutter wird im Transporter angebunden, das Fohlen darf frei laufen. Durch das Entfernen der Trennwand hat es genügend Bewegungsfreiheit, sodass es sich während der Fahrt den besten Standort suchen und selbstverständlich auch an das Euter der Mutter gelangen kann.

Ist das Verladen mit Verschließen der hinteren Klappe zur Routine geworden, geht es nun tatsächlich auf Fahrt. Dass besonders vorsichtig gefahren werden muss, muss wohl nicht extra erwähnt werden. Man muss sich vor Augen führen, dass die Stute aufgrund der entfernten Trennwand keine seitliche Stütze hat, um die Balance zu halten. Auch das Fohlen hat Schwierigkeiten mit dem Gleichgewicht, da es mit seinen langen Beinen einen sehr hohen Schwerpunkt hat. Außerdem ist es für das junge Tier eine gänzlich neue Situation, die es sicherlich beunruhigt. Allerdings gibt ihm die Mutter die nötige Sicherheit, sodass es sich bald an die Gegebenheiten gewöhnt.

Die erste Fahrt dauert etwa fünf bis zehn Minuten, also praktisch nicht weiter als um den Häuserblock. Langsam wird die Dauer der Fahrt gesteigert, bis nach entsprechender Routine nun tatsächlich ein entferntes Ziel angesteuert wird.

Die ersten selbstständigen Unternehmungen

Die ersten sechs Lebensmonate des Fohlens gehören wohl zu den schönsten Zeiten für den Besitzer überhaupt. Solange die Fohlen noch so klein und von der Mutter abhängig sind, macht es großen Spaß, mit ihnen umzugehen und sie beim täglichen Spiel auf der Weide zu beobachten. Diese Zeit sollte man deshalb genießen und sie für gemeinsame Unternehmungen nutzen. Es gibt keine bessere Gelegenheit mehr, dem Fohlen auf spielerische Weise die notwendigen Dinge beizubringen.

DER UMGANG MIT NEUGEBORENEN FOHLEN

Selbstverständlich darf bei allen Unternehmungen aber das Wohl der Mutterstute nicht vergessen werden. Sie wird immer um ihr Fohlen besorgt sein, was psychischen Stress bedeutet, und schließlich muss sie durch die Milchproduktion auch körperlich einiges leisten. Deshalb darf die Fürsorge der Mutterstute nicht vergessen werden. Dem Besitzer muss also bewusst sein, dass er sich nun um zwei Pferde entsprechend kümmern muss.

Irgendwann aber wird man Stute und Fohlen trennen müssen. Das Absetzen stellt einen einschneidenden neuen Abschnitt im Leben von Mutter und Kind dar. Deshalb muss die Trennung entsprechend vorbereitet werden. Dies geschieht nun bereits im dritten oder vierten Lebensmonat des Fohlens. In der Obhut des Menschen wird es die ersten selbstständigen Schritte seines Lebens machen.

> Die ersten selbstständigen Unternehmungen bereiten das Fohlen auf das Absetzen vor.

Alleingänge des Fohlens

Ist das Fohlen nun bereits einige Monate alt, wird man feststellen, dass es sich bei Ausritten immer weiter von der Mutter entfernt und sich auch auf der Weide nicht mehr ständig neben seiner Mutter aufhält. Es wird sich mit den Fohlen anderer Stuten beschäftigen, mit ihnen spielen und sich mit Rennen und Schaukämpfen die Zeit vertreiben. Nur wenn es durstig wird und sich ausruhen möchte, wird es das Euter beziehungsweise die Geborgenheit der Mutter suchen. Auch bei ungewohnten Ereignissen – vielleicht wenn ein Mähdrescher am Rand der Weide vorüberfährt –, die Unsicherheit oder gar Angst beim Fohlen hervorrufen, wird es bestrebt sein, sich in der Nähe seiner Mutter aufzuhalten.

Das Fohlen ist jetzt alt genug, um seine ersten Alleingänge im Beisein des vertrauten Besitzers zu unternehmen. Um die Selbstständigkeit des jungen Pferdes zu fördern, beginnt man damit, das Fohlen am Führstrick von der Mutter wegzuführen. Zunächst sollte der Sichtkontakt zur Mutter noch bestehen bleiben. Mit zunehmender Sicherheit darf man das

Bei Unsicherheit sucht das Fohlen immer noch bei der Mutter Schutz.

Mit zunehmendem Alter unternimmt das Fohlen immer mehr auf eigene Faust.

Herde, in der es mit Gleichaltrigen spielen kann, ist die Trennung von der Mutter noch am wenigsten schmerzhaft. Allerdings sollte man darauf bedacht sein, dass die Weide ausbruchssicher ist, denn so manches Fohlen versucht vehement, der Mutter nachzulaufen, und ignoriert dabei jegliches Hindernis. Böse Verletzungen können die Folge sein.

Es ist deshalb sehr darauf zu achten, dass das Fohlen sicher untergebracht ist, wenn die Mutter von ihm getrennt werden soll. Deutet das Verhalten des Fohlens darauf hin, dass ihm die Mutter wichtiger ist als alle anderen Artgenossen auf der Weide, wird man das Pferdekind in einer geschlossenen Box unterbringen müssen, aus der jeder Fluchtversuch ausgeschlossen ist und in der auch die Verletzungsgefahr minimiert ist. Allerdings sollte auch hier in der Nachbarbox mindestens ein Pferd untergebracht sein, das das Fohlen kennt. Jedes Fohlen reagiert auf die Trennung anders, sodass man stets vorsichtig vorgehen und mit Verstand entscheiden muss, um richtig zu handeln.

Lässt man das Fohlen alleine zurück – sei es auf der Weide oder in der Box –, darf die Trennung anfangs nur wenige Minuten dauern. Sicherlich wird das Fohlen zunächst nach seiner Mutter wiehern, sich aber bald wieder beruhigen, wenn die Mutterstute zurückkommt. Nach einigen Wiederholungen wird das Fohlen immer ruhiger auf die Trennung reagieren, denn es weiß, dass die Mama bald wieder an seiner Seite sein wird. Wenn das Pferdekind die kurzen Ausflüge der Mutter akzeptiert und nicht mehr panisch darauf reagiert, ist es erlaubt, die Zeitspanne der Trennung auszudehnen. Je älter das Fohlen ist, desto länger kann die Trennungsphase dauern. Man muss in jedem Fall berücksichtigen, dass das Fohlen Gelegenheit hat, zur rechten Zeit Milch zu saufen. Anfangs sucht das Pferdebaby alle 10 bis 15 Minuten das Euter der Stute auf. Später, wenn es auch schon feste Nahrung zu sich nimmt, verlängern sich die Abstände, in denen es trinkt. Ein Fohlen, das kurz vor dem Absetzen steht, kann man ohne Weiteres bereits eine Stunde sich selbst überlassen.

Fohlen auch schon mal um die Ecke führen. Je nachdem, wie sicher sich das Fohlen gibt, können die Ausflüge langsam ausgeweitet werden.

Alleine bleiben

Wenn sich der Fohlenbesitzer genügend Zeit genommen hat, sich mit dem Pferdebaby zu beschäftigen, wird es ihm entsprechend vertrauen. Trennt man das Fohlen von der Mutter, kann es sich immer noch an seiner Vertrauensperson orientieren. Schwieriger wird es aber, wenn das Kleine ganz alleine bleiben soll. Diese Erfahrung wird dem Fohlen nicht erspart bleiben, denn irgendwann wird der Tag kommen, an dem man die Stute alleine von der Weide holen wird, um sie für zunächst kurze Zeit vom Fohlen zu trennen.

Um den Trennungsschmerz erträglich zu halten, sollte das Fohlen selbstverständlich Kontakt zu anderen Artgenossen haben. Innerhalb der gewohnten

DER UMGANG MIT NEUGEBORENEN FOHLEN

Wird das Fohlen kurzzeitig von der Mutterstute getrennt, sollte es zumindest Kontakt zu anderen Artgenossen haben.

Somit ist der reiterliche Einsatz der Mutterstute kaum mehr eingeschränkt, allerdings muss man berücksichtigen, dass sie für die Milchproduktion entsprechend Energie benötigt. Eine säugende Stute muss man deshalb auch als solche füttern (höherer Eiweißbedarf) und behandeln. Einer Stute mit Fohlen bei Fuß sollte man eine Doppelbelastung als Mutter und Hochleistungssportler oder Schulpferd ersparen.

Das Absetzen von der Mutterstute

Irgendwann ist der Zeitpunkt gekommen, an dem das Fohlen endgültig von der Mutterstute getrennt wird. Diesen Vorgang nennt man Absetzen. Das Absetzen ist aus zweierlei Gründen notwendig. Zum einen wird die Stute durch die Milchproduktion sehr stark beansprucht und ausgelaugt. Vor allem, wenn die Stute wieder tragend ist, sollte man ihr Ruhe gönnen, um sich für das nächste Fohlen erholen zu können. Zum anderen muss das Fohlen selbstständig werden und lernen, eigene Wege zu gehen. Das Kleben an der Mutterstute kann über viele Jahre andauern, wenn der Youngster nicht fachgerecht abgesetzt wird. Dies wirkt sich auf die weitere Ausbildung und Erziehung des Pferdes negativ aus.

Klebende Pferde können in ihrer Not (wenn sie von ihrem Partner getrennt werden, der bei nicht abgesetzten Fohlen die Mutter ist) Untugenden entwickeln, die den Umgang mit dem Pferd sehr erschweren, aber unter Umständen auch die Gesundheit des Tieres beeinträchtigen. Um den Zwang, in der Nähe der Mutterstute zu verweilen, durchzusetzen, können sich Steiger, Schläger und Buckler entwickeln. Unaufmerksamkeit gegenüber den Menschen ist ein weiterer Faktor, der klebenden Pferden anhaftet (weil sie mit allen Sinnen ihren verschwundenen Partner suchen), was unter Umständen zu gefährlichen Situationen für Mensch und Tier führen kann.

Das Absetzen ist deshalb ein notwendiger Akt, der für das Wohl beider Tiere – für Mutterstute und Fohlen – sowie des Menschen geschieht. Das Absetzen muss jedoch richtig vorbereitet werden, damit es sowohl für Fohlen als auch für die Mutterstute kein Albtraum wird. Jedenfalls bedeutet das Absetzen einen neuen bedeutenden Abschnitt im Leben eines Fohlens, der sorgfältig und mit Bedacht durchgeführt werden sollte.

> Die Art und Weise des Absetzens muss gut überlegt und vorbereitet werden, damit es nicht zum Albtraum für das Fohlen wird.

Wann ist der richtige Zeitpunkt?

Sowohl die Art als auch der Zeitpunkt des Absetzens sind sogar unter Fachleuten strittig. Prinzipiell sind meist die Umstände entscheidend, wann und in welcher Form das Absetzen praktiziert wird. Man muss Vor- und Nachteile abwägen, aber vor allem die eigenen Möglichkeiten in die Überlegungen einbeziehen.

Ein Fohlen kann theoretisch mit drei Monaten unabhängig von der Muttermilch leben. Vor allem Pferdebesitzer, die die Mutterstute für Wettkämpfe (Turniere oder Rennen) nutzen wollen, entscheiden sich deshalb für ein frühes Absetzen. So früh wie möglich soll die Stute wieder ihre volle Leistungsfähigkeit für den Sport erreichen. Da ist ein Fohlen bei Fuß nur hinderlich. Ein Fohlen, das aus eben genanntem Grund frühzeitig abgesetzt worden ist, hat schon einen ungünstigen Start ins Leben. Obwohl es körperlich sehr wahrscheinlich keine Schäden durch das Absetzen mit zehn bis zwölf Wochen zu befürchten hat, sind die psychischen Auswirkungen dafür umso fataler. Das Pferdebaby ist keineswegs selbstständig genug, um sich ohne Mutter zurechtzufinden. Da nützt auch eine noch so fürsorgliche Zuwendung des Menschen wenig.

Ein Absetzen (von der Milchquelle) mit drei Monaten ist nur dann akzeptabel, wenn die Mutter zu wenig Milch produziert und das Fohlen deshalb ständig am leeren Euter nuckelt. Steht fest, dass die Mutter zu wenig Milch hat, beginnt man Fohlenmilchaustauscher zuzufüttern. Man wird bestrebt

Das Absetzen von der Mutterstute ist ein einschneidendes Erlebnis für das junge Pferd.

DER UMGANG MIT NEUGEBORENEN FOHLEN

sein, das Fohlen baldmöglichst an die Aufnahme von fester Nahrung (Fohlenstarter, Körnerfutter, Heu und Gras) zu gewöhnen. Begleitend dazu wird man dazu übergehen, das Fohlen vom Euter der Mutterstute fernzuhalten (sanftes Absetzen). Das Sattfüttern des Fohlens mit Milchaustauscher, bevor man Stute und Fohlen wieder zusammenführt, hilft dabei, die Stute „trockenzustellen". So muss das Fohlen nicht gänzlich von der Stute getrennt werden, sondern kann durchaus weiter mit der Stute mitlaufen, was für die psychische Entwicklung sehr wertvoll ist.

Stuten setzen ihre Fohlen in der Regel nicht selbstständig ab. Es gibt zwar Fälle, in denen beobachtet wurde, dass die Mutterstuten ihre Fohlen ab etwa einem Jahr von sich aus nicht mehr ans Euter ließen, im Normalfall aber trinken die Kinder jahrelang, wenn die Stute nicht wieder ein Fohlen zur Welt bringt. In freier Natur schlägt die Stute ihr Fohlen ab, sobald das nächste Fohlen zur Welt kommt. Dies ist für gewöhnlich nach einem Jahr der Fall. Manchmal – wenn die Stute im vorigen Jahr nicht aufgenommen hat – trinkt das Fohlen auch zwei Jahre.

In der Obhut des Menschen richtet sich die Säugezeit des Fohlens in erster Linie nach der Nutzung des Pferdes. Will man das Pferd nicht nur als Zucht-, sondern auch als Reitpferd gebrauchen, kommt ein früheres Absetzen den Wünschen des Pferdebesitzers entgegen. Auch das nur zur Zucht eingesetzte Pferd soll neue Kräfte sammeln können, bevor das nächste Fohlen zur Welt kommt. Deshalb wird auch hier frühzeitig abgesetzt.

Wer jedoch ein einziges Fohlen von seiner Stute gezogen hat und die Mutterstute auch reiterlich nur in gemäßigtem Rahmen nutzt, kann dem Fohlen ruhig gönnen, ein ganzes Jahr bei der Mutterstute zu verweilen. Aber nach spätestens einem Jahr sollte auch dieses Fohlen den Weg in die Selbstständigkeit gehen und abgesetzt werden. Da das Fohlen nach dem Absetzen aber mit Gleichaltrigen auf die Weide gehen soll, viele früher abgesetzte Fohlen einjährig aber schon wieder der Mutter (beziehungsweise der Her-

Theoretisch kann das Fohlen ab einem Alter von drei Monaten unabhängig von der Muttermilch leben.

de, in der auch die Mutter steht) beigesellt werden, ist es nicht immer möglich, ein Fohlen erst mit einem Jahr abzusetzen, ohne dass der Absetzer dann alleine bleiben müsste. Deshalb bestimmen meist die äußeren Umstände den Zeitpunkt und die Art des Absetzens.

Wenn irgend möglich, sollten Fohlen im Zeitraum von sechs bis zwölf Monaten abgesetzt werden. Diesen Zeitraum kann man als Grundregel ansehen, wobei besagte Abweichungen manchmal notwendig sind, aber keineswegs der Einfachheit halber angestrebt werden sollten.

Wenn möglich sollten die Fohlen erst abgesetzt werden, wenn sie mindestens sechs Monate alt sind.

Theoretisch könnten reine Zuchtbetriebe die Fohlen „natürlich" absetzen lassen, da die Stuten in der Regel nach der Geburt wieder gedeckt werden. Dies wird aber deshalb vermieden, weil man festgestellt hat, dass Stuten, welche die vorjährigen Fohlen zu lange säugen, weniger Kraft für das Neugeborene haben. Man hat herausgefunden, dass Mutterstuten dann die besten Fohlen hervorbrachten, wenn sie ein Jahr zuvor kein Fohlen bei Fuß hatten. Auch frühzeitiges Absetzen der vorjährigen Fohlen führte zu besserem Nachwuchs im nächsten Jahr. Dieser Aspekt ist besonders für die Zucht von Renn- und Leistungspferden wichtig. So mancher Züchter kommt angesichts dieser Feststellungen in einen Gewissenskonflikt. Dieser kann gelöst werden, wenn man sich für den zweijährigen Turnus entscheidet und die Zuchtstute nur jedes zweite Jahr decken lässt. Dagegen spricht selbstverständlich (aber auch nur) der Kostenfaktor.

Fohlen sollten im Alter zwischen sechs und zwölf Monaten abgesetzt werden.

Abruptes Absetzen oder Schritt für Schritt?

Mit der Art des Absetzens hat jeder Züchter seine eigenen Erfahrungen gemacht. Hier spielen in erster Linie die äußeren Umstände eine Rolle. Viele Züchter schwören auf ein abruptes Absetzen, andere wiederum ziehen ein langsames Absetzen vor.

Beim abrupten Absetzen werden Mutterstute und Fohlen schlagartig getrennt. Die Unterbringung der beiden Pferde muss außer Hör- und Sichtweite geschehen. In der Praxis ist dies nur möglich, wenn ein Pferd den Hof verlässt und in einem anderen Stall untergebracht wird. Diese Möglichkeit nutzen viele Züchter, die ihre Fohlen als Absetzer verkaufen. Nach

DER UMGANG MIT NEUGEBORENEN FOHLEN

sechs Monaten holt der neue Besitzer das Fohlen ab, welches hoffentlich dann in eine Gruppe mit Gleichaltrigen und älteren Artgenossen kommt, damit die Trennung von der Mutter in der neuen Umgebung bald überwunden werden kann. Ein Tipp für diejenigen, die diese Methode des Absetzens – weil sie ihr Fohlen verkaufen wollen – praktizieren wollen: Es ist einfacher, wenn das Fohlen nicht alleine in den Transporter verladen wird, sondern die Mutterstute zum neuen Stall mitfährt und dort erst die Trennung vonstatten geht. Es könnte sonst Verlade- und Transportprobleme geben, wenn das Fohlen alleine wegfahren muss. Ein derart traumatisches Erlebnis könnte das Verladen in Zukunft sehr schwierig gestalten.

Beim abrupten Absetzen leiden manchmal die Stuten stärker, weil sie mit dem Trennungsschmerz umgehen müssen, außerdem haben sie mit dem Milchdruck zu kämpfen. Vor allem bei Stuten, die viel Milch geben, kann das Euter stark anschwellen. Es kann auch zu Euterentzündungen kommen, was aber eher selten vorkommt. Wenn dies aber dennoch der Fall sein sollte, ist es selbstverständlich notwendig, den Tierarzt zurate zu ziehen. Wenn das Euter anschwillt, darf man nun nicht den Fehler begehen und die Stute abmelken. Wenn Milch abgefordert wird, produziert die Stute nach, sodass der Milchdruck eher noch schlimmer wird. Wenn das Fohlen nicht mehr trinkt und auch nicht abgemolken wird, stellt die Stute die Milchproduktion ein.

Würde man aber das Fohlen zu früh wieder der Mutter zugesellen, wird es sich an die leckere Milchquelle erinnern und zu saugen beginnen. Dann kann die Milchproduktion wieder angeregt werden. Der Zeitraum, bis die Stuten „trockengestellt" sind, ist sehr unterschiedlich. Deshalb ist es beim abrupten Absetzen sinnvoll, die Trennung über mindestens drei Monate bis zu einem halben Jahr zu vollziehen.

Wenn die Mutterstuten nach der Trennung sehr leiden, sollte man sie gut beschäftigen, um sie abzulenken. Stuten, deren Euter anschwillt, sollten ebenfalls viel Bewegung haben. Längere, ruhige Ausritte und leichtes Training helfen gut über den Trennungsschmerz hinweg und gewöhnen die Stute bald wieder an den „normalen" Reitalltag.

Wem es möglich ist, der sollte die Gelegenheit ergreifen und sein Fohlen schrittweise von der Mutter absetzen. Dies ist dann ratsam, wenn man selbst mehrere Fohlen (mindestens zwei) aufzieht und die Pferde neben der Weidehaltung auch in Boxen aufstallen oder in separaten Paddocks unterbringen kann. Dabei werden nun Mutterstuten und Fohlen lediglich während der Fütterungszeiten getrennt. Die beste Möglichkeit ist, die zwei Fohlen in einer Box aufzustallen oder in einen kleinen Auslauf zu sperren, wobei die beiden Mütter die Boxen links und rechts daneben beziehungsweise einen Nachbarpaddock beziehen. Somit ist ein Sichtkontakt immer gewährleistet. Das Fohlen kann aber nun für kurze Zeit nicht an die Milchquelle.

Nach einiger Zeit kann die Trennung nun auch schon über mehrere Stunden oder über Nacht erfolgen. Dies

Meist bestimmen die jeweiligen Umstände den Zeitpunkt des Absetzens.

ist praktisch, weil bei vielen Betrieben die Pferde über Nacht aufgestallt werden und tagsüber auf die Weide gehen. Die Stute produziert nun immer weniger Milch, was durch die immer länger andauernden Trennungszeiten und gute Zufütterung beim Fohlen erreicht wird. Schließlich können Stute und Fohlen getrennt bleiben und erst dann wieder zusammengeführt werden, wenn die Stute keine Milch mehr gibt.

Beim langsamen Absetzen des Fohlens muss man jedoch besonders darauf achten, dass Solo-Ausflüge gefördert werden, um das lästige Kleben aneinander zu verhindern. Dies ist schwer abzustellen, wenn die Trennung nicht über Monate dauert, sondern eigentlich täglich Sicht- und Hörkontakt vorhanden ist. Gestaltet sich das langsame Absetzen schwierig, müssen Mutter und Kind letztendlich doch vollständig getrennt werden und außer Ruf- und Sichtkontakt aufgestallt werden. Somit ergibt sich eine Kombination aus langsamem und abruptem Absetzen, was oftmals die beste Lösung ist.

Nach dem Absetzen

Für das Fohlen sind unmittelbar nach dem Absetzen gleichaltrige Spielgefährten, aber auch ältere Artgenossen, äußerst wichtig. Sie trösten zum einen über den Trennungsschmerz hinweg, zum anderen lernen die Pferdekinder den Umgang mit Artgenossen. Bei Spielen, Kämpfen und Rennen trainieren sie außerdem ihre Lunge und Muskulatur. Werden die Absatzfohlen alleine in eine Herde integriert, stehen sie

Das Absetzen verläuft nicht so dramatisch, wenn sich die kleinen Fohlen mit einem gleichaltrigen Artgenossen trösten können.

DER UMGANG MIT NEUGEBORENEN FOHLEN

Mit Absetzern sollte man Solo-Ausflüge fördern, um dem Kleben an anderen Pferden vorzubeugen.

häufig ziemlich verloren herum, fühlen trotz der anderen Pferde Einsamkeit und trauern ihren Müttern nach. Da kann auch der fürsorgliche Mensch keinen Trost spenden.

Viele Pferdebesitzer sind der Ansicht, dass sie ihren Fohlen über den Trennungsschmerz hinweghelfen können, wenn sie sich nun besonders gut um ihr Fohlen kümmern. Hier besteht die große Gefahr der Vermenschlichung des jungen Pferdes. Der Mensch kann die Rolle eines gleichaltrigen Spielgefährten kaum übernehmen. Vielmehr beschwört man große Probleme herauf, wenn man sich auf „Fohlenspiele" auf der Koppel einlässt. Schon jetzt können steigende und ausschlagende Fohlen dem Menschen gefährlich werden. Später, wenn das Fohlen halbwüchsig oder erwachsen ist, wird es schwer, dem Pferd das Steigen und Schlagen gegenüber dem Menschen abzugewöhnen. Das Pferd wird nicht begreifen, weshalb es jetzt nicht mehr so spielen darf, wie es dies gewohnt war. Wird das Fohlen gegenüber älteren Weidegenossen aufmüpfig, steigt es vor ihnen auf oder schlägt auf sie aus, genügt auf Seiten der älteren Pferde oftmals schon ein warnendes Zurücklegen der Ohren, um die übermütigen Fohlen zurechtzuweisen. Wenn das Fohlen gar zu aufdringlich wird, kann es auch schon mal weggebissen werden.

Die Fohlen lernen in einer Herde ihren Platz innerhalb der Rangordnung. Der Absetzer kann sich gegen ältere Weidegenossen in der Regel nicht durchsetzen. Deshalb muss es seine Kräfte mit Gleichaltrigen messen können, denn nur hier kann es den einen oder anderen „Sieg" erringen.

Fohlen, die keine gleichaltrigen Spielgefährten haben, werden immer sehr niedrig in der Rangfolge stehen (insbesondere Hengste), kein Selbstbewusstsein und keinen Lebensmut entwickeln. Sie bleiben häufig sowohl geistig als auch körperlich unterentwickelt.

Natürlich sind auch die älteren Pferde innerhalb einer Herde für das Absatzfohlen sehr wichtig. Sie

Absetzer können sich gegen ältere Artgenossen in der Regel nicht durchsetzen und müssen sich zunächst unterordnen.

Absatzfohlen suchen die Gesellschaft Gleichaltriger, mit denen sie oft enge Bande knüpfen.

erziehen den jungen Wildling und bringen ihm Manieren bei. Diese Erfahrung ist besonders wertvoll für die weitere Entwicklung des Pferdes. Die jungen Pferde orientieren sich im Verhalten immer an den älteren. Sie ahmen deren Verhalten nach, schauen sich ab, wie sie Blätter von den Bäumen zupfen, sich gegenseitig kraulen oder eine Tränke betätigen. Doch als Spielgefährten taugen ältere Pferde nicht. Sie lassen sich kaum zum Spielen, Kämpfen und Rennen mit den Fohlen animieren. Ein Fohlen, das alleine in einer Herde mit älteren Pferden lebt, wird immer versuchen, die Erwachsenen zum Spielen zu animieren. Die erwachsenen Pferde werden das Fohlen aber nicht beachten oder sogar wegtreiben. Selbst Pferde, die nur ein halbes oder dreiviertel Jahr älter sind, geben keine idealen Spielkameraden für das Fohlen ab. Als Grundsatz gilt deshalb: Die Fohlen müssen annähernd gleich alt sein. Zumindest aber sollten sie im selben Jahr geboren sein.

DER UMGANG MIT NEUGEBORENEN FOHLEN

Ist ein Fohlen zwei oder drei Monate älter als das andere Pferdekind, ergeben sich daraus normalerweise keine Nachteile. Die Entwicklung des älteren Fohlens ist aber ohne Zweifel schon weiter fortgeschritten, sodass es sich schon jetzt einen höheren Rang gegenüber dem jüngeren Fohlen erkämpfen kann und in der freundschaftlichen Zweierbeziehung zweifellos das Sagen hat. Allerdings profitiert das jüngere Fohlen von der Erfahrung des etwas älteren Partners, sodass es sich schneller entwickeln und bald annähernd denselben Entwicklungsstand aufweisen kann wie der Gefährte.

Die Beziehung von Absatzfohlen untereinander kann man vielleicht mit der Konstellation von Geschwistern vergleichen. Hat man einen um Jahre älteren Bruder (oder Schwester), kann man viel von dessen Erfahrung und Wissen profitieren. Allerdings hat dieser schon wieder andere Interessen, somit sind für uns Menschen als Spielgefährten die Geschwister besser „geeignet", die nur ein Jahr älter oder jünger sind. Sehr viel ältere Geschwister dienen eher schon als Elternersatz.

Die Erziehung zum Pferd kann man als Mensch nicht vollziehen, es ist deshalb weder möglich, „Ersatzmutter" noch einen anderen „Erziehungsberechtigten" für das Fohlen zu spielen. Dies muss man schon den Pferden überlassen, die es auf natürliche Weise erledigen und mit Sicherheit viel besser können.

> Nach der Trennung von der Mutter benötigen die Fohlen jetzt besonders den Kontakt zu gleichaltrigen Spielgefährten

Die Erziehung des jungen Pferdes zur Vorbereitung für sein späteres Leben als Reitpferd hingegen muss der Mensch übernehmen. Dieses Aufgabengebiet ist groß und anspruchsvoll genug. Somit haben die Weidegenossen des Fohlens ihre ganz speziellen Aufgaben, genauso wie der Mensch sie hat, um aus dem Absetzer ein wohlerzogenes und umgängliches Pferd zu machen. Nur müssen die Aufgaben klar getrennt und definiert sein.

Für Absatzfohlen ist die Gesellschaft von gleichaltrigen, aber auch älteren Artgenossen besonders wichtig.

ABSETZER UND JÄHRLINGE

Lektionen im ersten und zweiten Lebensjahr

Ist ein Fohlen von der Mutter getrennt worden, spricht man generell von einem Absetzer. Bereits am 1. Januar des Jahres nach der Geburt des Fohlens gilt das Pferdekind aber schon als Jährling. Dabei ist es gleichgültig, ob das Fohlen im März oder November des vergangenen Jahres zur Welt gekommen ist. In den Herbst hineingeborene Fohlen werden darum schon mit zwei oder drei Monaten als Jährlinge bezeichnet. In der Regel bedeckt man die Stuten aber im Frühjahr oder Frühsommer, sodass die Fohlen vorzugsweise im April oder Mai zur Welt kommen. Somit sind die Jährlinge im Januar des nächsten Jahres etwa ein Dreivierteljahr alt, im November desselben Jahres jedoch schon gut anderthalb Jahre.

Wenn hier von Jährlingen die Rede ist, sind aber immer diejenigen Fohlen gemeint, die bereits abgesetzt – also mindestens ein halbes bis Dreivierteljahr alt – sind, unabhängig vom 1. Januar als Stichtag. Die vorgestellten Lektionen sind also für Pferde gedacht, die unabhängig von der Mutter und mindestens sechs bis acht Monate alt sind.

Mit einem Absetzer oder Jährling können die meisten Pferdebesitzer am wenigsten anfangen. Dabei ist gerade diese Zeit für die Entwicklung des jungen Pferdes besonders wichtig. Doch solange die jungen

Tiere noch nicht longiert oder geritten werden können, sind die Besitzer oftmals ratlos, was sie mit den Pferden unternehmen könnten. Der Grund dafür liegt einfach darin, dass es kaum gelehrt wird, welche Lektionen man bei einem noch nicht angerittenen Pferd bereits durchführen kann. Diese Ohnmacht führt dann auch häufig dazu, dass ein Training in diesem Alter als „Kinderarbeit" abgetan und deshalb verpönt wird. Aber sperren wir unsere Kinder, solange sie noch nicht zur Schule gehen, in ein Zimmer ein und warten, bis sie alt genug für die Schule sind? Oder bereiten wir sie auf die Schule und das Leben vor, indem wir mit ihnen spielen, in den Zoo gehen und ihnen die Tiere zeigen, ihnen beibringen, mit dem Löffel zu essen usw.? Lehren wir sie beispielsweise nicht, fremden Leuten zur Begrüßung die Hand zu geben und dass sie sich auch sonst anständig benehmen? Genau darum geht es auch in der Erziehung und Ausbildung des abgesetzten Fohlens, das nun praktisch im Vorschulalter ist und eine Menge Dinge lernen kann, bevor es tatsächlich zur Arbeit herangezogen wird.

Hat man den Grundstein für eine gute Erziehung bereits im Saugfohlenalter gelegt, wird diese Aufgabe nicht besonders schwer sein, allerdings muss man auf Verhaltensänderungen des jungen Pferdes gefasst sein, die völlig normal sind. Man darf sich aber nicht wundern, wenn Übungen und Lektionen, die als Saugfohlen schon wunderbar funktioniert haben, plötzlich nicht mehr klappen. Man muss wissen, dass das Fohlen einen Entwicklungsprozess durchläuft, der vergleichsweise schnell vonstatten geht. Man sieht dies sehr deutlich am Wachstum des Pferdes. Die Auswirkungen dieses Prozesses betreffen aber nicht nur den Körper, sondern auch die Psyche des Pferdes. Der wichtigste Aspekt, den diese Phase der Entwicklung und des Lernens prägt, ist die geforderte Selbstständigkeit des jungen Pferdes, weil die Mutterstute als Sicherheit nicht mehr vorhanden ist. Man wird bald merken, dass dies zu einem Problem werden kann. Es gibt dem Ausbilder möglicherweise das Gefühl, nun mit der Erziehung und Ausbildung wieder von vorne beginnen zu müssen, was viele entmutigt. Doch die Vorarbeit mit dem Saugfohlen ist trotzdem von unschätzbarem Wert. Würde der Absetzer die Lektionen noch nicht kennen, wären die Schwierigkeiten doppelt so groß, denn die Unsicherheit des Alleinseins koppelt sich mit grundsätzlichem Unwissen: keine guten Lernvoraussetzungen! Man wird Widersetzlichkeiten erwarten müssen, die angesichts der mittlerweile erreichten Stärke und Geschicklichkeit des Fohlens Probleme bereiten werden. Damit setzt man das erworbene Vertrauen aufs Spiel und Vertrauen ist niemals wieder so einfach aufzubauen wie im Saugfohlenalter.

Ohne Begleitung der Mutter können Absetzer selbst bei bekannten Aufgaben Unsicherheit entwickeln.

ABSETZER UND JÄHRLINGE

Eine artgerechte Aufzucht und Haltung ist die Voraussetzung, um ein körperlich und geistig agiles Pferd heranzuziehen.

Voraussetzungen und Probleme

Die artgerechte Haltung des Absatzfohlens ist selbstverständlich die Voraussetzung, um ein körperlich und geistig agiles Pferd heranzuziehen. Die richtige Fütterung, die medizinische Versorgung (Wurmkuren, Impfungen) sowie regelmäßige Hufpflege dürfen auch weiterhin nicht vernachlässigt werden. Sie sind die Grundlage für die Gesundheit, aber auch für eine gute Erziehung und Ausbildung. Hierzu gehört freilich auch weiterhin die Gesellschaft Gleichaltriger sowie älterer Artgenossen. Wenn das Absatzfohlen nach genügend langer Trennungsphase zum heimatlichen Stall zurückkehrt, muss es neu in die dortige Herde integriert werden. Sind allerdings nun keine gleichaltrigen Weidegefährten mehr vorhanden, beginnt eine schwere Zeit für das junge Pferd. Jährlinge sind – obwohl von der Mutter abgesetzt – immer noch Kinder. Sie lernen weiterhin wie Kinder von den älteren Pferden und haben das Bedürfnis, zu spielen, ihre Kräfte zu messen und herumzutollen. Die Forderung nach gleichaltrigen Artgenossen wird noch längere Zeit bestehen. Man muss bedenken, dass Pferde erst mit etwa sechs Jahren erwachsen sind!

Hat man sich dazu entschlossen, einen Absetzer oder Jährling zu kaufen, sollte man die Aufzuchtbedingungen des Züchters unbedingt unter die Lupe nehmen. Konnte das Saugfohlen mit Gleichaltrigen zusammenleben? Wurde ihm genügend Auslauf gewährt? Hat es die notwendigen Impfungen und Wurmkuren erhalten? Wurden die Hufe laufend kontrolliert? Wie sieht es mit der Fütterung aus? Viele Fragen, die für den weiteren Lebensweg sehr entscheidend sind, denn was im Saugfohlenalter versäumt worden ist, kann oftmals nicht wieder aufgeholt werden!

Wer ein Fohlen aus schlechter Aufzucht gekauft hat, das weder genügend versorgt worden ist noch

die Grundkenntnisse der Erziehung erfahren hat, wird es mit seinem Absetzer nicht leicht haben. Problematisch wird es, wenn das junge Pferd bereits gesundheitlichen Schaden erlitten hat. Aufzuchtsünden schleppt ein Pferd sein ganzes Leben lang mit.

Ein Pferd leidet unter den Folgen einer schlechten Aufzucht ein Leben lang.

Wenn die Erziehung im Saugfohlenalter vernachlässigt worden ist, hat man viel Nachholbedarf. Es wird schwierig, aber nicht unmöglich, ein mehr oder weniger „wildes" Pferd noch entsprechend zu erziehen und auszubilden. In jedem Fall ist dies keine Aufgabe für einen unsicheren und ängstlichen Menschen, sondern setzt bereits entsprechende Erfahrung

Eine gute Aufzucht ist die Grundlage für ein späteres gesundes Leben.

Das Ausbildungsziel beim Jährling besteht in erster Linie darin, die Beziehung zwischen Mensch und Tier zu festigen. Dabei ist es nicht so wichtig, was man tut, sondern dass man etwas tut.

voraus. Fehler in der Erziehung rächen sich später immer, doch eine fachkundige Hand kann selbst ein zwei- oder dreijähriges Pferd noch „hinbiegen". Will man jedoch mehr Freude an seinem Pferd haben, ist es besser, sich zur rechten Zeit mit den richtigen Dingen zu befassen. Die Kinder- und Jugendzeit des Pferdes im Alter von einem halben bis zwei Jahren sollte man deshalb nicht ungenutzt verstreichen lassen.

Die Anforderungen an den Jährling sind nicht hoch, wenn er als Saugfohlen die notwendigen Kenntnisse erlernt hat. Trotzdem muss man die Fohlenlektionen immer wieder auffrischen, um sie zu festigen beziehungsweise in neuen Situationen (ohne Beisein der Mutter) zu üben.

Es ist im Alter von einem Jahr nicht so wichtig, was man mit dem Pferd tut, Hauptsache ist, dass man etwas unternimmt. Das große Ziel der Ausbildungszeit im ersten und zweiten Lebensjahr ist, die Beziehung und das Vertrauen des jungen Pferdes zu festigen. Dabei gibt es jede Menge zu tun. Viele Dinge hat das Absatzfohlen schon gelernt, und diese dienen nun dazu, das Vertrauen und die Bindung zu stärken. Und wem bewusst ist, wie wichtig das Vertrauen des Pferdes und die Beziehung zu ihm das ganze Pferdeleben lang ist, kann ermessen, wie nützlich die Zeit nach dem Absetzen sein kann.

Vorweg soll aber auch vor allzu großem Eifer gewarnt werden. Es ist grundsätzlich richtig und gut, mit jungen Pferden viel zu unternehmen. Alle Aufgaben aber, die das Pferd geistig beanspruchen, dürfen höchstens 15 Minuten lang geübt werden. Das Jungpferd kann sich noch nicht länger konzentrieren. Wird es überfordert, klappt die Übung nicht mehr und das Pferd wird zappelig. Dann muss man mit einem schlechten Ergebnis aufhören, was der allgemeinen Ausbildung nicht zuträglich ist. Weniger ist deshalb mehr. Das bedeutet nun aber nicht, sich nur für eine Viertelstunde beim Pferd blicken zu lassen. In der Regel wird 10 bis 15 Minuten intensiv und konzentriert gearbeitet, weitere 15 Minuten widmet man sich den bisher zur Routine gewordenen Aufgaben, der Rest besteht aus Streicheln, Kraulen und Reden – einfach Beisammensein!

Natürlich dürfen einem Jährling auch noch keine zu hohen körperlichen Belastungen abverlangt werden. Die Gelenke, Knochen, Sehnen und Bänder befinden sich im Wachstum. Zu hohe Belastungen führen zu Fehlentwicklungen und frühzeitigem Verschleiß. Darum sollten die Anforderungen so gewählt werden, dass zwar das Herz-Kreislauf-System angeregt wird, nicht aber der Bewegungsapparat. Im Konkreten heißt dies, dass das Pferd viel laufen darf, aber nicht auf gelenksbelastenden Kreisbögen (wie beim Longieren) oder mit einer Gewichtsbelastung (Reiter).

Das Hufeaufheben sollte beim Jährling mittlerweile zur Routine geworden sein.

Die Fohlenlektionen auffrischen

Es ist vorteilhaft, wenn man mit einem Jährling mindestens ebensoviel Zeit verbringen kann wie mit einem gerittenen Pferd. Die Zeit, welche man bei einem älteren Pferd auf dem Pferderücken verbringen würde, investiert man, um die gelernten Fohlenlektionen aufzufrischen, zu erweitern, aber auch, um einfach nur beim Fohlen zu sein. Mit jeglichem Umgang wird das Vertrauen und die Beziehung automatisch gefördert, wovon man bei späteren neuen Aufgaben nur profitieren kann. Je anspruchsloser die Aufgaben sind, desto länger kann man sich ihnen widmen.

Normalerweise müsste das Hufaufheben sowie das Auskratzen der Hufe mittlerweile zur täglichen Routine geworden sein. Sicherlich hat auch der Schmied schon einige Male nach den Fohlenhufen gesehen. Wenn der Huf bearbeitet werden musste – sei es, um Fehlstellungen zu korrigieren oder den Strahl zuzuschneiden –, hat das junge Pferd auch schon gelernt, längere Zeit auf drei Beinen zu stehen. Bei sehr jungen Fohlen sollte man bei notwendiger Behandlung durch den Schmied zwischen den Arbeitsgängen häufiger eine Pause einlegen, weil die Fohlen schnell ungeduldig und müde werden. Die Zeit des Hufaufhebens kann im Jährlingsalter nun schon etwas ausgedehnt werden. Hier bietet sich die beste Gelegenheit, die Arbeitsgänge auf die Leistungsfähigkeit der Fohlen abzustimmen. Lieber arbeitet man öfter mit wenigen und kurzen Arbeitsschritten als einmal und dafür sehr lange.

Aufgaben, denen man sich in diesem Stadium ebenfalls widmen kann, sind beispielsweise das Ölen der Hufe oder das Wässern mit einem Gartenschlauch. Natürlich ist es nicht ratsam, das Einölen oder Fetten der Hufe zu übertreiben und daraus eine tägliche Pflicht zu machen. Es geht hier in erster Linie darum, das Pferd an die notwendigen Pflegemaßnahmen zu gewöhnen. Für den Gewöhnungseffekt genügt es auch, mit einem trockenen (oder mit Wasser benetzten) Pinsel über den Kronrand zu streichen. Ist die Hufpflege zur Routine geworden, darf man sie deshalb nicht einstellen, sie muss das ganze Leben lang regelmäßig durchgeführt werden. Gibt es Schwierigkeiten, sind häufigere Wiederholungen (sozusagen im Trockentraining) notwendig. Bei problemlosen Pferden hingegen ist die regelmäßige, sowieso erforderliche Pflege gleichzeitig auch Training.

Abschließend kann man das Pferd nun schon auf den ersten Beschlag vorbereiten (sollte dieser notwendig sein), indem man mit einem Gummihammer oder ähnlichem Werkzeug sanft auf den Tragrand klopft, um das Einschlagen der Hufnägel zu simulieren. Manche Pferde müssen bereits als Jährlinge

Tägliches Aufhalftern trägt zum Gewöhnungstraining bei.

ABSETZER UND JÄHRLINGE

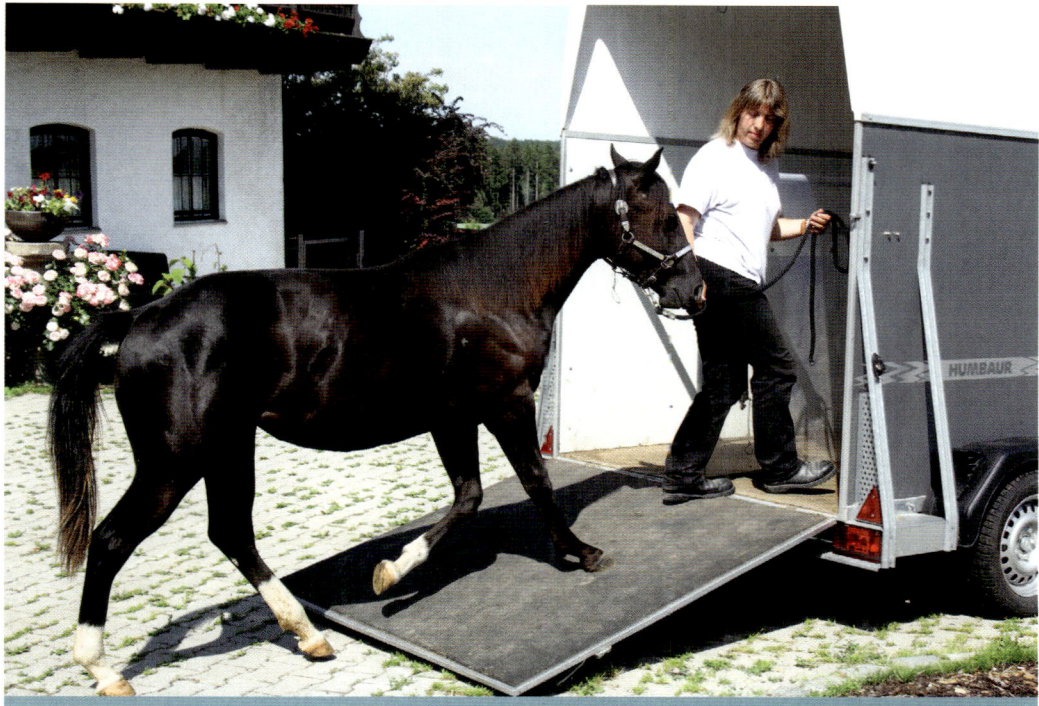

Das Verladen – nun ohne Beistand der Mutter – kann schon zu leichten Unsicherheiten führen. Deshalb muss dies ebenfalls fleißig trainiert werden.

Eisen tragen, wenn Fehlstellungen zu korrigieren sind oder Hufprobleme (Krankheiten) auftreten. Zu einem frühzeitigen Gewöhnungstraining kann man sich in so einem Fall dann selbst beglückwünschen. Es gibt nichts Schlimmeres als aus Angst und Unsicherheit tobende Fohlen, die dann aufgrund dieser schlechten Erfahrung meist auch später beim Beschlagen nicht stillstehen können.

Je nach den Umständen des Stallmanagements ist das Aufhalftern und Führen des jungen Pferdes ebenfalls bereits zur Routine geworden. Sind die jungen Pferde aber sowohl tagsüber als auch nachts auf einer Weide untergebracht und werden nicht aufgestallt, wird das alltägliche Aufhalftern nicht praktiziert. Trotzdem sollte man dies zu Trainingszwecken tun. Warum nicht einen kleinen Spaziergang rund um die Weide unternehmen, der nur etwa zehn Minuten lang dauert? Dies genügt schon, um dem Jährling das Aufhalftern und Geführtwerden ins Gedächtnis zurückzurufen.

Praktisch ist es auch, das Fohlen von der Weide in den Stall zu holen, um es dort zu putzen und das Hufeaufheben zu üben. Die tägliche Kontrolle des Pferdes auf Verletzungen sollte dem verantwortungsbewussten Pferdebesitzer unbedingt zur Routine werden, wofür der tägliche Pflegecheck genutzt werden kann.

Dabei findet man auch die Zeit, das Fohlen auch einmal ausgiebig zu kraulen, was es sehr genießen wird. Bei der Gelegenheit kann man dem jungen Pferd auch seine Mineral- und gegebenenfalls Kraftfutterration verabreichen. Absehen sollte man aber grundsätzlich von der Fütterung von Leckerbissen aus der Hand. Füttert man den Jährling, damit er sich beispielsweise auf der Weide besser fangen lässt, wird das Pferd kaum mehr herankommen, wenn man mal nichts in der Tasche hat. Außerdem lernen die Pferde sehr schnell, wo sich die Leckereien befinden, und beginnen, an Jackentaschen herumzusuchen, um dann auch zuzuschnappen. Das ist nicht nur besonders lästig, sondern kann auch gefährlich werden. Auf diese Weise erzieht man sich sehr schnell einen Beißer. Will man dem Pferd die tägliche Kraftfutterration verabreichen oder – ausnahmsweise zur Belohnung Leckerlis – füttern, geschieht dies immer aus dem dafür vorgesehenen Futtertrog oder aus der auf den Boden gestellten Schüssel.

Selbst bei der späteren Ausbildung zum Reitpferd, bei der Bodenarbeit oder der Arbeit unter dem Sattel ist die Leckerli-Fütterung zur Belohnung nicht angebracht. Es handelt sich hier in den meisten Fällen eher um eine Bestechung als um eine Belohnung. Futter als Lockmittel oder Belohnung wird nur in Ausnahmefällen und bei bestimmten Lektionen (um dem Pferd zu verdeutlichen, was es tun soll) verabreicht – und auch dann nur kurzfristig. In diesen Fällen wird bei den entsprechenden Stellen darauf hingewiesen. In allen anderen Situationen wird sich die in die Ausbildung integrierte Fütterung eher negativ auswirken.

> Das Füttern von Leckerlis aus der Hand zur Belohnung kann unangenehme Folgen haben und sollte deshalb nur in Ausnahmesituationen praktiziert werden.

Fleißaufgaben

Neben der Routine im täglichen Umgang mit dem jungen Pferd sollte aber die Abwechslung nicht zu kurz kommen. Neue Ideen erweitern die Fähigkeiten des Pferdes sowie den geistigen Horizont. Schließlich bleibt die Beschäftigung immer interessant und wird auch dem Pferd nie langweilig.

Grundsätzlich gilt, dass all diejenigen Aufgaben für Absetzer und Jährlinge geeignet sind, die keine körperliche Anstrengung oder Belastung von ihm verlangen. Also sind beispielsweise Longieren und jede Art von Rückenbelastung selbstverständlich tabu. Jährlinge sind nicht fähig, derartigen Belastungen auf Dauer standzuhalten. Zu frühe Belastungen rächen sich im Alter. Es gibt die Richtlinie, dass ein Jahr zu frühe Inanspruchnahme in der Jugend dem Pferd fünf Lebensjahre im Alter kosten.

Für die Erziehung von Jährlingen gibt es jedoch genügend Aufgaben, die man bereits jetzt in die Ausbildung einbauen kann. Wie steht es denn mit dem Abspritzen mit Wasser? Oder das Durchwaten einer Pfütze? Dem Element Wasser stehen viele Pferde skeptisch gegenüber. Auch wenn das Saugfohlen mutig seiner Mutter in den Bach nachgesprungen ist, heißt dies noch lange nicht, dass der Absetzer nun freiwillig in den Bach oder durch eine Pfütze geht.

Das halbwüchsige Pferd lässt man zunächst die Bekanntschaft mit dem Wasserschlauch machen. Man führt das Fohlen über den Schlauch und bewegt ihn schließlich am Boden, bis das Tier keine Scheu mehr davor zeigt. Jetzt erst dreht man den Wasserhahn auf und lässt das Nass ohne großen Druck aus dem Schlauch fließen. Das Pferd darf den Schlauch und das Wasser beriechen, bevor man vorsichtig die Hufe abspritzt. Manche Pferde lassen sich dies ohne Widerstand gefallen, andere versuchen wegzuspringen oder ziehen das Bein ruckartig hoch. Gibt sich das Pferd unsicher, nimmt man lieber einen nassen Schwamm, mit dem man die Beine des Pferdes abstreicht und dabei den Schwamm ausdrückt. Das lassen die jungen Vierbeiner eher mit sich geschehen. Hat das Tier nun schon nasse Beine, akzeptiert es das Wasser aus dem Schlauch besser. Langsam gewöhnt man das Pferd an das Nass, wobei man vorzugsweise mit dem Schwamm, dann mit der vertrauten Hand an den Beinen entlangstreicht, während das Wasser darüberfließt. Das Fohlen lässt man sich von einem Helfer am Halfter halten. Bindet man das Pferd an, riskiert man Verletzungen und Traumata, wenn das Tier erschrickt, zurückweicht und sich panisch mit aller Gewalt in den Strick hineinhängt. Möglicherweise

ABSETZER UND JÄHRLINGE

 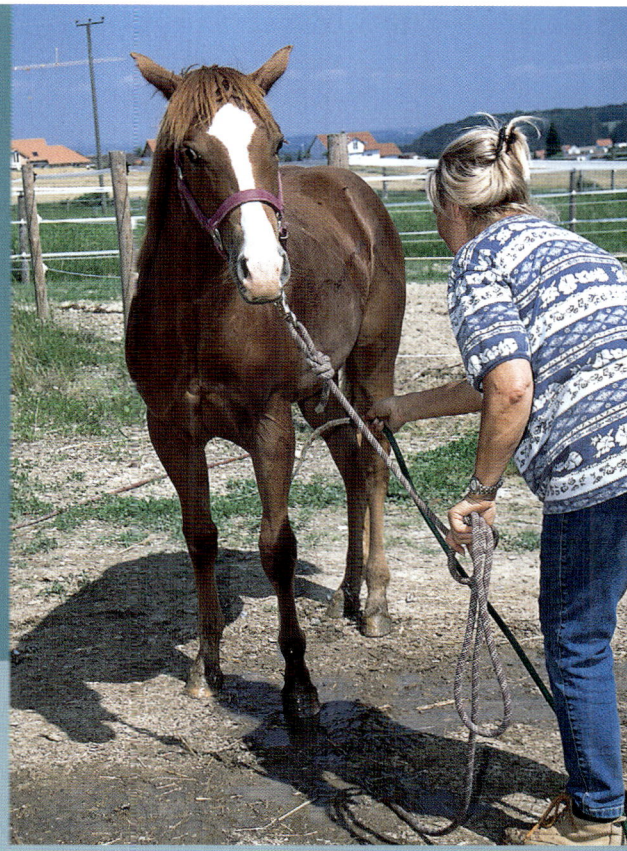

Viele Pferde stehen dem Element Wasser skeptisch gegenüber: Die Bekanntschaft mit dem Wasserschlauch ist deshalb eine prima Trainingsaufgabe für Jährlinge.

wird sich das Pferd nicht mehr anhängen lassen, wenn es damit schreckliche Erlebnisse verbindet.

Erst wenn das junge Pferd das Abspritzen mit dem Wasserschlauch an den Beinen ungerührt akzeptiert, kann man langsam auch auf den gesamten Körper übergehen (Achtung: Kopf grundsätzlich aussparen!).

Eine weitere Aufgabe, an der man je nach Akzeptanz des Pferdes längere Zeit üben muss, ist das Besprühen des Pferdes mit einer Sprühflasche. Die Notwendigkeit dieser Übung wird sich dann erweisen, wenn dem Pferd beispielsweise nach einer Verletzung ein Desinfektionsspray aufgetragen werden muss. Aber auch Fliegenschutzmittel können mittels einer Sprayflasche besser auf dem Fell verteilt werden. Sie werden deshalb handelsüblich mit Sprayer angeboten und sind so in der Handhabung recht praktisch. Zu Übungszwecken nimmt man eine leere Flasche, füllt diese mit Wasser und beginnt langsam an Hals und Brust mit dem Sprühen, bis das Pferd nicht mehr ängstlich reagiert. Man muss wissen, dass die Tiere in erster Linie nicht vor der Flüssigkeit an sich, sondern vor dem Sprühgeräusch zurückschrecken. Durch häufige Wiederholungen gewöhnt sich das Pferd allerdings recht schnell an das Geräusch.

Die Desensibilisierung gegenüber neuen Geräuschen und Gegenständen kann man nicht oft genug üben.

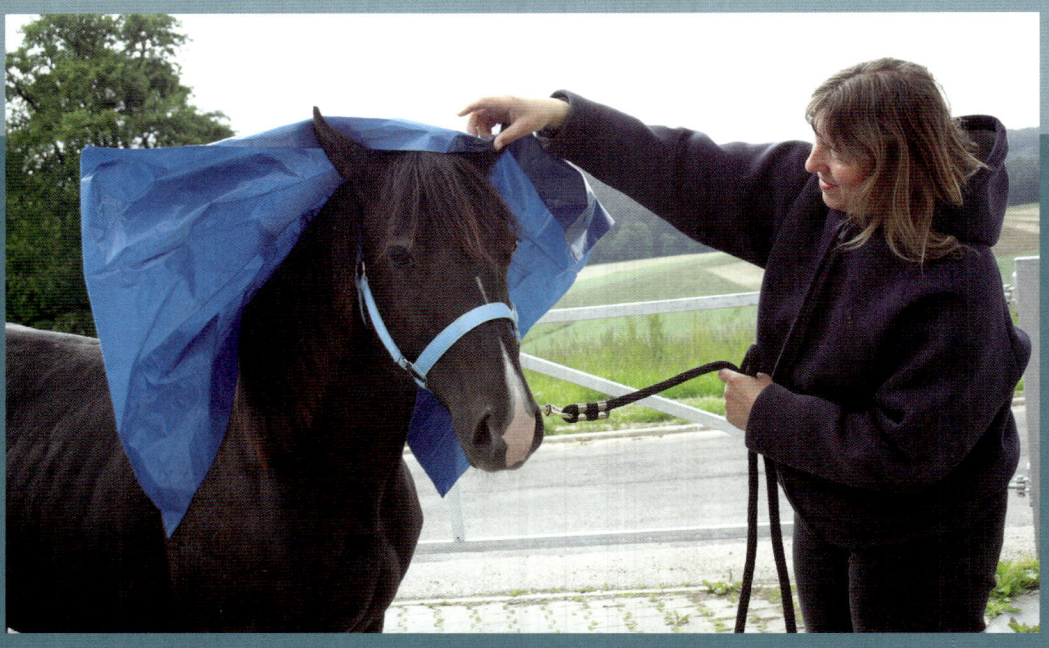

ABSETZER UND JÄHRLINGE

Die Desensibilisierung gegenüber Geräuschen oder auch Gegenständen sollte man nun auch schon mit anderen Dingen üben. Dies ist bereits der Anfang des sogenannten Aussacktrainings, das jedes Pferd durchlaufen sollte, um alltäglichen Dingen der modernen Welt gegenüber scheufrei zu werden. So kann man das junge Pferd bereits gezielt an Motorengeräusche von vorüberfahrenden Traktoren, Lastwagen und Motorrädern gewöhnen. Wenn das Fohlen bereits an der Seite seiner Mutter ins Gelände mitgenommen worden ist, kennt es die Verkehrsmittel bereits. So dürfte es kein großes Problem mehr darstellen, die Gewöhnungsphase zu intensivieren. Man führt das Jungpferd unter Beachtung aller Sicherheitsmaßnahmen (Strick niemals um die Hand wickeln, ausreichender Ausweichplatz, umzäunter Bereich, keine zusätzlichen Störfaktoren) an einem Traktor mit laufendem Motor vorbei. Später kann man den Fahrer des Traktors anweisen, nun am Pferd vorbeizufahren.

Auch mit der Gewöhnung an Abschwitzdecken und Sattelunterlagen sollte man nun beginnen. Für diese Übung nimmt man zunächst eine kleine Decke, die das Pferd beschnuppern darf. Verliert es das Interesse an der Decke, berührt man das Tier damit an der Schulter, streicht über den Hals und schließlich über den gesamten Körper. Auch die Beine und den Rücken sollte man dabei nicht vergessen. Bleibt das Pferd ruhig, wechselt man zu einer größeren Decke, mit der man ebenso verfährt. Lässt das Pferd die Prozedur ohne Widerstand und Unsicherheit über sich ergehen, kann man die Decke nun auch schon über den Rücken schwingen. Dies ist bereits der erste Schritt, der zum späteren Satteln beziehungsweise Anreiten hinführt.

Wenn es mit der Decke gut klappt, steigert man das Desensibilisierungstraining, indem man eine Plastiktüte und später eine größere Plastikplane nimmt. Bei jedem neuen Gegenstand sollte von vorne begonnen werden: Das Pferd muss die Gelegenheit erhalten, das vermeintlich gefährliche Ding zunächst mit der Nase zu untersuchen. Selbstverständlich geht man

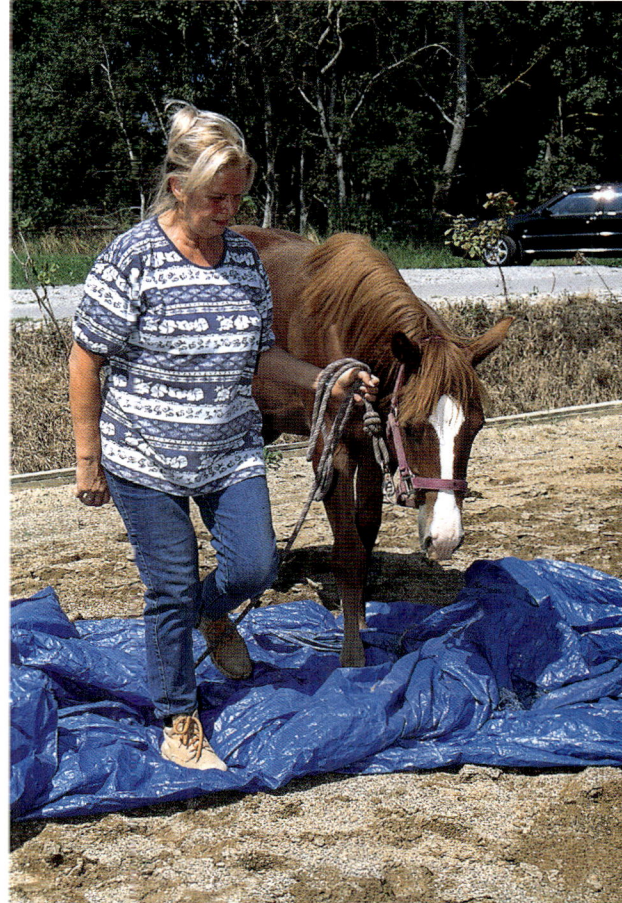

Das Desensibilisierungstraining kann man mit Plastikplanen erweitern.

bei der Prozedur immer vorsichtig vor und mutet dem Pferd nur so viel zu, wie es offensichtlich verkraften kann. Das Pferd darf niemals Panik bekommen und zu flüchten versuchen. Es darf höchstens eine leichte Unsicherheit zeigen, die aber nicht zum Weglaufen führt. Übertreibt man es, verliert das Pferd das Vertrauen in seinen Betreuer und viele Übungsstunden waren umsonst. Lieber geht man langsam und bedächtig vor, als dass man Rückschritte riskiert. Erfahrungsgemäß geht es umso schneller, je mehr Zeit man sich bei diesen Dingen lässt.

69

Mit dem Alleinsein kommen die Pferde besser zurecht, mit denen man sich häufiger abgibt und die so mehr Sicherheit erlangen.

Und immer wieder alleine bleiben

Das Pferd ist ein Herdentier, deshalb wird man immer wieder mit dem Problem zu kämpfen haben, dass der Vierbeiner nicht gerne alleine bleibt. Aus diesem Grund muss man gerade diese Aufgabe sehr oft üben. Das Absatzfohlen klebt stärker an seinen Artgenossen, weil es versucht, den Verlust der Mutter zu ersetzen. Die Trennung von der Herde bedeutet für das Pferd in freier Wildbahn höchste Lebensgefahr, für ein Fohlen den sicheren Tod. Der Herdentrieb ist wie der Fluchttrieb von der Natur als Schutzfaktor eingebaut worden, um das Überleben der Art zu sichern. Er ist darum nur äußerst schwer einzudämmen. Vollständig unterdrücken kann man ihn weder durch Ausbildungs- noch Zuchtmaßnahmen. Deshalb müssen Mensch und Tier lernen, mit ihm umzugehen.

Häufige Wiederholungen bedeuten einen Gewöhnungseffekt, so kann das junge Pferd auch das Allein bleiben am besten lernen. Ein ausbruchsicherer Auslauf oder eine bis oben geschlossene Box ist nötig, damit das junge Tier sicher alleine gelassen werden kann. Wenn es im Saugfohlenalter schon auf das Absetzen vorbereitet worden ist, indem es gelernt hat, über einen kürzeren und schließlich längeren Zeitraum alleine zu bleiben, begreift nun auch der Jährling recht schnell, dass die Trennung von seinen Artgenossen nicht ewig dauert.

Wenn das junge Pferd herzzerreißend wiehert, lässt man zur Sicherheit eine Aufsichtsperson im Stall. Meist kann der Mensch – auch wenn eine gute Beziehung zum Pferd besteht – wenig Beistand leisten, weil der Jährling sich nur mit einem Artgenossen zufriedengeben will. Es wird also recht wenig nützen, beruhigend auf ihn einzureden, aber schaden kann es auch nicht. Zum Trost kann man ihm ein schmackhaftes Futter anbieten, das vielen Pferden hilft, das Alleinsein zu verkraften. Ist das Pferd aber sehr nervös, sollte man auf das Füttern verzichten, da das Fohlen sich in der Aufregung verschlucken könnte oder zu hastig frisst. Damit riskiert man Schlundverstopfungen und Koliken.

Nach vielen Wiederholungen wird sich der Jährling in sein Schicksal fügen und die Trennung gelassener hinnehmen. Selbstverständlich sollte man die Länge der Trennungsphase auch nicht übertreiben, weil man damit ansonsten das Gegenteil erreicht und die Pferde nur noch mehr kleben. Je besser das Jungtier das Alleinsein verkraftet, desto länger kann es von seinen Artgenossen getrennt werden.

ABSETZER UND JÄHRLINGE

Mit dem Alleinsein kommen normalerweise diejenigen Pferde besser zurecht, mit denen man sich häufiger abgibt. Die sogenannten „wilden" Jungpferde haben daran mehr zu knabbern. Es lohnt sich also, das junge Pferd entsprechend seinen Fähigkeiten zu fördern und viel Zeit mit ihm zu verbringen (was ja nicht immer Arbeit und Üben heißen muss), damit es sich in der modernen Welt zurechtfindet, die leider nur selten seiner Natur entspricht.

Spaziergänge an der Hand

Die Ausflüge ins Gelände, die das Fohlen an der Seite der Mutter unternommen hat, sollten weiter beibehalten werden. Hierzu muss sich das Fohlen mittlerweile aber gut führen lassen, wenn nicht, sind die Führlektionen auf umzäuntem Platz nachzuholen.

Es besteht durchaus die Möglichkeit, dass sich das Absatzfohlen nun ohne die Mutter oder eine andere Artgenossen an seiner Seite vehement weigert, auch nur einen Schritt aus dem heimatlichen Hof zu setzen. Da nützt es auch nichts, wenn man am Führstrick zu zerren beginnt. Stemmt das Fohlen seine Beine in den Boden und will keinen Schritt mehr vorwärts gehen, sollte man dem Willen des kleinen Pferdes in keinem Fall nachgeben. Dies wäre die beste „Gelegenheit", sich einen handfesten Kleber zu erziehen. Das Pferd wird später auch nicht alleine auszureiten sein, wenn es jetzt nicht lernt, selbstständige Ausflüge in Begleitung des Menschen zu unternehmen.

Da man auch möglichst wenig Zwangsmittel anwenden sollte, ist es nicht unbedingt ratsam, nun die Gerte als Treibhilfe einzusetzen. Das Fohlen würde ja doch nur aus Angst vor der Gerte (die leider viel zu häufig als Strafinstrument Verwendung findet) – wenn überhaupt – vorwärts gehen. Sicherlich reicht in dieser Phase nur selten ein leichtes Touchieren aus. Somit ist man versucht, die Gerte auf eine Weise einzusetzen, die dem Pferd Schmerzen verursacht. Das ist keinesfalls akzeptabel.

Zur Sicherheit schnallt man bei Spaziergängen eine Führkette ein, womit man eine bessere Kontrolle über das junge Pferd hat.

Oftmals ist man erfolgreicher, wenn man das Pferdekind mit der Hand am Oberschenkel anschiebt. Bei bereits sehr großen Fohlen kann hier ein Helfer wiederum sehr nützlich sein. Ein guter Trick ist es auch, das Fohlen in Zickzacklinien zu bewegen. Biegt man seinen Hals nach rechts oder links ab, kann es nicht auf diese Weise dagegenziehen, als wenn es in sich geradegestellt wäre. So treten die meisten jungen Pferde an. Auch wenn sie nach zwei Schritten wieder stehen bleiben, wiederholt man die Aktion. Bald wird es dem Jungpferd zu unbequem und es beschließt, dann eben doch mitzulaufen.

Da junge Pferde weniger Geduld aufbringen als ältere Tiere, besteht eine weitere Möglichkeit darin, einfach abzuwarten und an Ort und Stelle stehen zu bleiben, bis es dem Vierbeiner langweilig wird. Wenn man ihm die Entscheidung überlässt, ob es stehen bleiben oder vorwärts gehen möchte, entschließen sich die meisten Pferde bald fürs Laufen. Man muss nur mehr Geduld als der Vierbeiner haben. Lediglich den Weg zurück verwehrt man den jungen Pferden entschieden.

> **Mit Geduld und Konsequenz erreicht man bei jungen Pferden mehr als mit Strafen.**

Hat man nun diese Hürde überwunden, sollten die Spaziergänge nicht zu weit ausgedehnt werden, solange das junge Pferd noch unsicher im Gelände ist. Schließlich war es bisher niemals alleine unterwegs. Zur Sicherheit empfiehlt es sich, dem Pferd zusätzlich eine Führkette einzuschnallen, damit man im Notfall eine bessere Kontrolle über das Tier hat. Allerdings muss man dann aber auch sehr vorsichtig mit der Handhabung des Führstricks umgehen, um dem Pferd keine ungewollten Schmerzen über die Kette zuzufügen.

Solange das Fohlen im Gelände frei mitlaufen durfte, konnte es auch nach Herzenslust am Wegesrand naschen – dies sollte man dem Jährling nun nicht mehr gestatten.

ABSETZER UND JÄHRLINGE

Die Sicherheit von Führperson und Pferd kann nur gewährleistet werden, wenn man umsichtig handelt. Dazu gehört die sinnvolle Auswahl der Wege. Bei noch unsicheren Pferden wählt man möglichst keine stark befahrenen Straßen, sondern ruhige Wald- und Feldwege, die (hoffentlich) in unmittelbarer Nähe des Stalles verlaufen. Ebenso gehört die Führkette zur Sicherheitsausrüstung und schließlich kann man es nicht oft genug wiederholen, dass der Führstrick in keinem Fall um die Hand gewickelt werden darf. Erschrickt das Fohlen und springt weg, zieht sich der Strick um den Handrücken fest und man kann nicht mehr loslassen. Obwohl das Fohlen noch nicht so kräftig wie ein erwachsenes Pferd ist, ist es durchaus in der Lage, die Führperson mitzuschleifen, womit man erhebliche Verletzungen riskiert. Derartige Unfälle endeten aber auch schon tödlich. Bei allem Spaß im Umgang mit dem Pferd dürfen die Sicherheitsvorkehrungen nie vergessen werden. Dies gilt ganz besonders für junge Vierbeiner, da diese noch nicht die Sicherheit haben wie ältere, erfahrene Pferde.

Nun hat das Fohlen neben seiner Mutter auch frei mitlaufen dürfen, solange das Gelände es zuließ. Dabei konnte es am Wegesrand Gräser naschen und Blumen beriechen. Dies wird es selbstverständlich nun ebenfalls an der Hand des Betreuers versuchen. Im Hinblick auf die spätere Verwendung als Reitpferd sollte man das Naschen am Wegesrand aber nun nicht mehr gestatten. Es ist eine Unart, die Reitpferden nur sehr schwer abzugewöhnen ist, wenn sie als junges Pferd nebenbei grasen durften. Für den Reiter kann das ständige Graszupfen während eines Ausrittes oder Spazierganges extrem lästig werden, ganz zu schweigen von der Gefahr, dass das liebe Tier auch mal in aller Eile eine Giftpflanze erwischen könnte.

Sobald das Halfter oder das Zaumzeug am Kopf des Pferdes befestigt ist, bedeutet dies „Arbeit". Alle Pferde sollten lernen, dass das Fressen am Führstrick oder mit eingeschnalltem Gebiss tabu ist. Der Umgang mit den Pferden wird dadurch wesentlich angenehmer. Ist man in diesem Fall sehr konsequent, kann man sogar ein gesatteltes und gezäumtes Pferd auf einer Wiese „abstellen", ohne befürchten zu müssen, dass es den Kopf senkt und zu fressen beginnt. Dabei könnte es nämlich auch möglicherweise auf den Zügel treten, mit Sicherheit aber weglaufen und versuchen, sich der Kontrolle des Reiters zu entziehen. Fressende Pferde sind niemals aufmerksam gegenüber den Anweisungen des Ausbilders, darum sollte man frühzeitig die Fress- und Arbeitszeiten exakt trennen.

Bei Spaziergängen sind darum Naschereien am Wegesrand nicht mehr erlaubt. Die Pferde dürfen auf ihrer Weide so viel und lange fressen, wie sie wollen, dort haben sie Freizeit, nicht aber am Führstrick oder später unter dem Sattel. Diese Konsequenz ist keineswegs herzlos, sondern dient der Sicherheit und Disziplin. Sie vereinfacht außerdem den Umgang mit dem Tier. Das Pferd wird nicht mehr ständig am Führstrick zerren, um an einen Grashalm zu kommen, sondern sanft und weich zu lenken sein. Da fühlt sich nicht nur der Pferdebesitzer, sondern auch das Pferd wohler! Pferde wollen ihre Grenzen kennenlernen. Im Herdengefüge ist es für ein Pferd wichtig, zu wissen, wo sein Platz ist. Damit fühlt es sich sicher und geborgen.

Mitlaufen als Handpferd

Artgerecht aufgezogene Jährlinge strotzen vor Kraft und Unternehmungslust. Je nach Rasse und Temperament zeigen sie sich an der Hand auch sehr stürmisch und nutzen jede Gelegenheit, ihre Kräfte zu messen. So kann es auf Spaziergängen zu Problemen kommen, wenn das junge Pferd gar zu übermütig wird.

Besser kann man einen jungen Wildfang oftmals vom Sattel eines anderen Pferdes aus kontrollieren, wenn das Reitpferd absolut sicher und ruhig ist sowie keine Feindseligkeiten gegenüber dem jungen Pferd hegt. Der Jährling sollte sich außerdem schon sicher anbinden lassen, ohne zu versuchen, sich loszureißen. Somit kann man das junge Pferd gegebenenfalls am Sattel des Führpferdes anbinden. Ein junges Pferd

Wird das Jungpferd an der Hand beim Ausreiten mitgenommen, kann es an der Seite eines erfahrenen Pferdes schon viel lernen.

beruhigt sich neben einem älteren Führpferd sehr schnell, wenn sein wildes Gebaren auf Nervosität und Ängstlichkeit zurückzuführen ist. Will das Fohlen aber nur aufgrund seiner Lebenslust und seines Temperaments herumtollen, hat man am Ende eines Führstricks oft schlechte Karten. Bindet man den Führstrick aber fest am Sattelhorn (Westernsattel) oder am Sattelgurt an, kann es zerren und springen, wie es will, es hat keine Chance loszukommen. Damit lernt es recht schnell, dass es sinnlos ist, am Strick zu zerren. Die Voraussetzung ist selbstverständlich ein absolut ruhiges und zuverlässiges Reitpferd. (Achtung! Die kleinen Ösen beim Englischsattel halten der Belastung nicht stand, um den Führstrick dort anbinden zu können. Hier sollte man eine Befestigung am Sattelgurt bevorzugen.)

Während des Trabs oder Galopps sollte das junge Pferd allerdings nicht am Sattel festgebunden werden. Stolpert das junge Pferd, kann es durch den ziehenden Strick zu Fall gebracht werden und sich verletzen. Deshalb ist das Festbinden nur im Schritt empfehlenswert. In den höheren Gangarten sollte man den Führstrick in der Hand halten.

> **Beim Mitführen des Absetzers als Handpferd darf der Führstrick aus Sicherheitsgründen nur im Schritt am Sattel festgebunden werden.**

Vorteilhaft ist das Handpferdereiten auch deshalb, weil man das junge Pferd im Gelände ebenfalls im Trab und Galopp bewegen kann, was beim Führen an der Hand kaum möglich ist. Die Ausflüge können ausgedehnt werden und die Kondition des jungen Pferdes wird gestärkt.

Bei Absetzern, die bereits wieder in die „alte" Herde integriert sind, kann die Mutterstute als Reitpferd dienen. Allerdings ist es nun natürlich nicht mehr

ABSETZER UND JÄHRLINGE

möglich, das Fohlen ohne Führstrick mitlaufen zu lassen, denn es ist mittlerweile selbstständig geworden und könnte womöglich eigene Wege gehen. Es muss jetzt am Führstrick bleiben und lernt hierdurch auch, diszipliniert mitzulaufen und den Anweisungen des Reiters zu folgen.

Das Fohlen hört ebenso wie die Mutter beziehungsweise das Reitpferd die Stimmkommandos, die der Reiter beispielsweise für einen Gangartenwechsel benutzt. Durch häufige Wiederholung lernt der Jährling diese automatisch mit. Damit wird das Pferd auf seine weiterführende Ausbildung vorbereitet.

Anbinden und Stillstehen

Wenn der Jährling nun schon recht ordentlich als Handpferd im Gelände mitläuft und sich auch ohne Widerstand führen lässt, ist er bereit, weitere Lektionen zu lernen. Das Fohlen hat als Handpferd gelernt, das Angebundensein am Führpferd zu akzeptieren. Im Prinzip kennt dies das junge Pferd auch noch aus der Saugfohlenzeit, wo es gelernt hat, am Bauchgurt der Mutterstute mitzulaufen. Somit ist es nun generell vorbereitet, angebunden zu werden. Zunächst geschieht dies selbstverständlich neben einem anderen Pferd und unter ständiger Aufsicht. Der Führstrick sollte mit einem Sicherheitsknoten an einem dafür vorgesehenen Anbindebalken oder -ring befestigt werden. Auf diese Weise kann man ihn im Notfall schnell lösen.

Es ist recht praktisch, das Pferd während der täglichen Pflegemaßnahmen anzubinden, weil man dabei direkt neben dem Pferd steht, es dadurch beaufsichtigen und schnell eingreifen kann, wenn es Probleme gibt. Das Pferd müsste nun ohne Schwierigkeiten akzeptieren, dass es weder weglaufen kann noch dass der Führstrick nachgibt. Es wird somit auch nicht versuchen, sich mit aller Gewalt gegen das

Jetzt ist es an der Zeit, mit dem Jährling auch das Angebundensein und Stillstehen zu üben.

Angebundensein durch Gegenziehen zu wehren. Es hat gelernt, dass es sowieso nicht loskommt, und fügt sich somit in seine Situation. Allerdings sollte man auf Folgendes achtgeben: Das Pferd darf nicht mutwillig erschreckt werden, sodass der Fluchtreflex ausgelöst wird (beispielsweise bei falsch durchgeführtem Aussacktraining), und es darf nicht zu lange und vorerst auch nicht alleine irgendwo angebunden werden, wodurch es möglicherweise Angst und Panik bekommen könnte.

Es genügt anfangs, das Pferd für den Zeitraum der Pflegemaßnahmen anzubinden. Langsam weitet man die Anbindezeit etwas aus und lässt das Tier nach den abgeschlossenen Arbeiten noch fünf Minuten warten, bis es wieder auf die Koppel darf. Schließlich holt man das junge Pferd von der Weide, nur um es für zehn Minuten anzubinden. Dann entlässt man es wieder in die Freiheit. Man kann während der Zeit des Angebundenseins wiederum die Kraftfutterration verabreichen oder ihm etwas Heu vorlegen, wenn der Jährling ungeduldig oder nervös wirkt.

Sollte das Pferd größere Probleme machen und sich beispielsweise in Panik in den Strick hängen, ist es besser, eine andere Technik zu wählen, um Verletzungen zu vermeiden. Dabei beginnt man, das junge Pferd in seiner Box anzuhängen, in der es sich sicher fühlt. Man schlingt den Anbindestrick in Schlangenform durch die Gitterstäbe der Box. Dabei wählt man so viele Windungen, dass sich der Strick nur schwer zurückziehen lässt. Damit kann sich das Pferd im Notfall befreien und gewöhnt sich auf diese Weise langsam an das Angebundensein.

Später – das heißt nach einigen Jahren – wird es eine Selbstverständlichkeit sein, das Pferd auch über einen längeren Zeitraum angebunden stehen zu lassen. Ob es auf einem Wanderritt während einer Pause auf den Weiterritt wartet oder beim Beschlagen der Hufe angebunden stehen muss – die Frage des Anbindens ist dann kein Thema mehr. Immer wieder kann man beobachten, dass junge Pferde stundenlang am Anbindeplatz stehen müssen. Der Sinn davon soll sein, den jungen Pferden Geduld beizubringen.

Diese Methoden sind jedoch hart an der Grenze zur Tierquälerei, vor allem, wenn die jungen Pferde im Sommer in der prallen Sonne der Mittagshitze stundenlang angebunden werden. Die Pferde werden mit zunehmendem Alter und richtiger Handhabung im Laufe der Zeit von selbst geduldiger. Es ist eine Quälerei, von einem Jährling zu verlangen, stundenlang angebunden stehen zu bleiben. Die Zeiten sollte man dem Alter und der Situation anpassen.

Kein Mensch verlangt von einem dreijährigen Kind, dass es mehrere Stunden lang ruhig am Tisch sitzt. Erwachsene hingegen tun dies sogar freiwillig bei beruflichen Tagungen oder freizeitmäßigen Stammtischen. Auch ein junges Pferd ist noch ungeduldig und voller Tatendrang, sodass ein mehrstündiges Anbinden die reinste Tortur darstellt. Bei einem ausgewachsenen Pferd hingegen ist dies eine Selbstverständlichkeit, wenn man das Tier langsam an das Anbinden heranführt und die Zeiträume mit zunehmendem Alter behutsam verlängert.

Mit zunehmender Geduld (die natürlich mit jeder Trainingseinheit verbessert wird) lernen die Pferde nun auch das Stillstehen. Dazu müssen die Tiere nicht zwangsweise angebunden sein. Ob beim späteren Satteln und Aufsteigen oder bei der alltäglichen Pferdepflege (Putzen, Hufeauskratzen) – das Stillstehen bedeutet für den Pferdebesitzer zunächst ein höheres Maß an Sicherheit, es erleichtert aber auch den Umgang mit dem Pferd enorm. Es ist ja nicht gerade angenehm, wenn einem ein herumhampelndes Pferd auf die Zehen tritt!

Es wird bei einem jungen Pferd nicht einfach sein, es dazu zu bringen, ruhig stehen zu bleiben. Deshalb muss man mit wenigen Sekunden, die langsam zu Minuten ausgedehnt werden, zufrieden sein. Ein diszipliniertes, ausgewachsenes Reitpferd wird geduldig auch längere Zeit stehen bleiben, wohlgemerkt ohne angebunden zu sein, wenn der Reiter es verlangt. Doch bis dahin ist es ein langer Weg, der bereits im Fohlenalter geebnet werden sollte.

Die Übung zu beginnen ist nur dann sinnvoll, wenn das Umfeld stimmt. Es soll im Stall oder Hof nicht hektisch zugehen und nichts darf das Pferd ablenken, soll die Aufgabe gelingen. Mit dem dafür vorgesehenen Stimmkommando (beispielsweise „Steh") und einem sanften Signal am Führstrick fordert man das Pferd auf, ruhig stehen zu bleiben. Dies geschieht beispielsweise immer, bevor das Pferd angebunden wird oder man irgendeine Arbeit am Tier verrichten will. Jeder Schritt, den sich das Pferd nun wegbewegt, wird konsequent korrigiert. Dies ist der wichtigste Punkt beim gesamten Training zum Stillstehen. Dabei führt man das Pferd (ohne Strafe, aber auch ohne Lob) sofort wieder an den vorgegebenen Platz zurück, während man deutlich das Stimmkommando wiederholt. Jede Bewegung sollte möglichst schon im Keim erstickt werden. Wenn das Pferd den Huf vom Boden absetzt, muss sofort die Korrektur erfolgen.

> **Soll das Jungpferd das Stillstehen lernen, muss man viel Geduld haben, vor allem aber mit Konsequenz arbeiten.**

Manche Pferde begreifen sehr schnell, dass sie sich nicht von der Stelle bewegen sollen, andere benötigen mehr Zeit. Die Mühe wird allerdings nur dann von Erfolg gekrönt sein, wenn man absolut konsequent arbeitet und keinen Schritt durchgehen lässt. Das Jungtier wird bald akzeptieren, dass es keine Möglichkeit hat wegzulaufen, da die Aufsichtsperson sofort korrigierend eingreift. Beim Jährling verlangt man nur wenige Sekunden des Stillstehens, dann lobt man ihn und führt ihn von dem Platz weg, um ihm deutlich zu machen, dass diese Übung nun beendet ist. Äußerst wichtig ist, dass die Übung immer abgebrochen wird, bevor das Pferd ungeduldig wird und zu zappeln beginnt. Dies erfordert etwas Einfühlungsvermögen und Sachverstand. Fordert man ein zu langes Stillstehen, wird das Pferd unruhig und man kann die Übung nicht mehr zufriedenstellend beenden.

Die Übung, das Stillstehen, ohne angebunden zu sein, zu fordern, darf aus Sicherheitsgründen nicht

Ruhiges Stillstehen des Pferdes bedeutet für den Menschen ein höheres Maß an Sicherheit bei allen Arbeiten am Pferd.

verlangt werden, wenn der Trainingsbereich nicht eingezäunt ist. Zudem sollte man den Vierbeiner auch nicht ohne Aufsicht lassen, denn kluge Pferde lernen sehr schnell, dass sie sich nicht mehr im Kontrollbereich des Menschen befinden, sobald dieser außer Sichtweite ist!

Spiele und Kunststückchen?

Wenn die beschriebenen Übungen und Lektionen das Beschäftigungspotenzial immer noch nicht zufriedenstellend ausfüllen oder wenn man zusätzliche Abwechslung in die Erziehung von Fohlen einbauen möchte, bieten sich anderweitige Aufgaben an. Diese sollten aber sorgfältig ausgewählt werden, um das Pferd weder geistig noch körperlich zu überfordern. Schließlich kann man auch alles übertreiben.

„Fohlenspiele" wie Steigen sind dem Menschen gegenüber tabu.

Schnell kommt man in Versuchung, dem Spieltrieb des halbwüchsigen Pferdes nachzugeben und auf der Koppel den Artgenossen zu mimen. Die Fohlen sind für Jagdspiele aller Art sehr empfänglich und möchten schließlich auch ihre Kraft in spielerischen Kämpfen testen. Da kommt es schnell zu (natürlich nicht böse gemeinten) Kniffen und Tritten. Und hier hört der Spaß auf! Selbst die Hufe eines Fohlens können den Menschen empfindlich verletzen. Dürfen die Fohlen im jungen Alter in dieser Art dem Menschen gegenübertreten, tun sie dies auch später. Das Ergebnis sind beißende und schlagende Pferde, die schließlich so gefährlich sind, dass ein Umgang mit ihnen lebensbedrohlich werden kann.

Zur Kategorie der verbotenen Spiele zählen darum schon im Fohlenalter Steigen, Zuschnappen und Ausschlagen, solange dies in der Nähe des Menschen geschieht. Es ist kein großes Kunststück, einem Pferd das Steigen beizubringen, damit kann man heutzutage keinen mehr beeindrucken. Der Fachmann verurteilt derartige Kunststückchen sogar wohlwissend. Diese Übungen gehören bestenfalls in die Zirkusmanege, und dort sollen sie auch bleiben.

Trotzdem gibt es Kunststückchen, die man einem Pferd ohne Gefahr für sich beibringen kann. Diese dienen zur geistigen, aber auch körperlichen Flexibilität des Pferdes. Die Tiere erlangen außerdem eine bessere Koordination.

Bei der Auswahl der Übungen sind der Fantasie keine Grenzen gesetzt, solange sie das Tier in seinem noch zarten Alter nicht überfordern. Bei jungen Pferden sollte man deshalb mit zirzensischen Lektionen wie Hinlegen oder Spanischer Schritt mindestens warten, bis die Tiere zweijährig sind (s. S. 117). Allerdings kann man mit den Vorarbeiten hierzu schon beginnen und die Führlektionen, welche auf S. 94 noch eingehender beschrieben sind, vertiefen. Benimmt sich das Pferd schon sehr gehorsam am Halfter, kann man sich bereits an Übungen wie Beine hochheben wagen.

ABSETZER UND JÄHRLINGE

Wilde Fohlen und Problemfälle

Bekommt man einen Absetzer, der sich recht wild gebärdet, sich schlecht führen lässt, möglicherweise am Führstrick sogar steigt oder den einen oder anderen Bocksprung vollführt, hat man viel Grundlagenarbeit nachzuholen. Wahrscheinlich wurde das Saugfohlen nicht genügend vorbereitet oder der Besitzer lässt sich zu sehr vom Charme seines Fohlens „einwickeln" und diszipliniert sein junges Pferd nicht genügend. Sicherlich, es gibt temperamentvolle Fohlen und ruhigere Jungtiere, doch es ist für den Besitzer notwendig, in jeder Situation die Kontrolle über das Pferd zu haben, um Gefahren für Mensch und Tier abwenden zu können.

Ein wildes Fohlen muss dringend Disziplin und Gehorsam lernen, auch wenn man hierzu mal härter durchgreifen muss. Auch Kinder brauchen die eine oder andere deutliche Zurechtweisung, um sie zu anständigen Menschen zu erziehen. So darf man keinen Ungehorsam dulden, denn alles, was das Pferd als Fohlen tun darf, meint es auch im Alter tun zu dürfen. Dies sollte man sich immer vor Augen führen, wenn man mit einem Jungtier umgeht.

So sind spielerisches Zuschnappen oder Lutschen und Kauen am Finger des Zweibeiners (oftmals ein Bedürfnis von Saugfohlen) zu unterbinden. Ist das Pferd zwei Jahre alt, ist bei gleichem Spiel das Ganze nicht mehr so angenehm. Ein kleiner Klaps reicht in der Regel aus, um ein Fohlen zurechtzuweisen. Fohlen merken sehr schnell, was sie tun dürfen und was nicht.

Im Jährlingsalter ist es allerhöchste Zeit, sich um die ernsthafte Erziehung des Fohlens zu kümmern. Ist das Pferd erst einmal zweijährig, wird man es aufgrund seiner Kraft, Größe, aber auch wegen seiner geschlechtlichen Reife nur noch sehr schwer in die Schranken weisen können. Dazu braucht es dann schon manchmal rohe Gewalt, um das Tier zu bändigen. So weit sollte man es gar nicht kommen lassen.

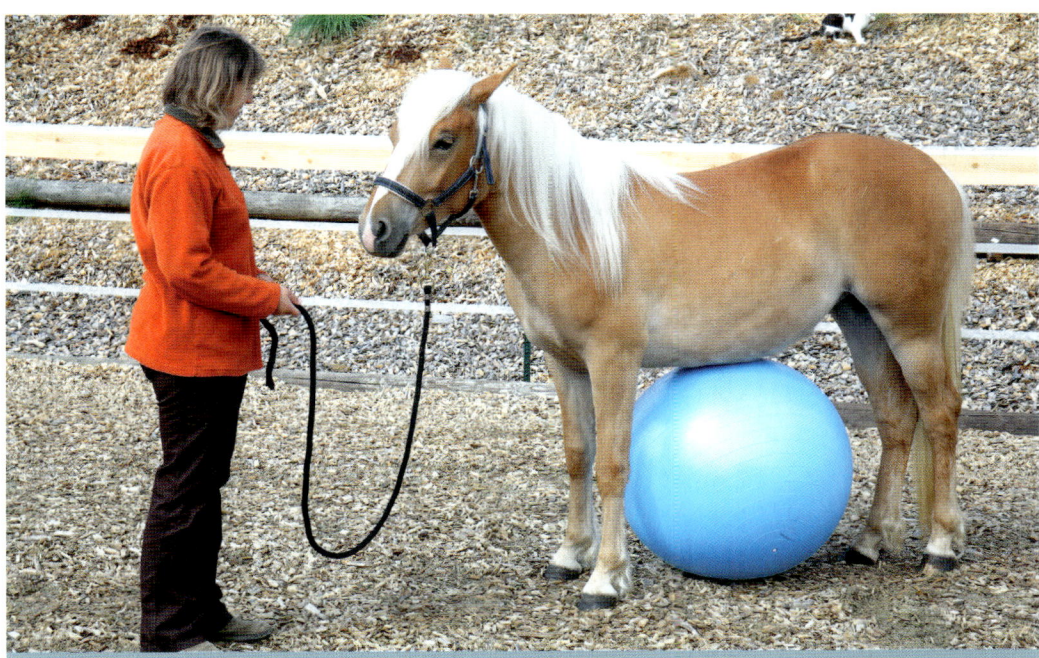

Die Ausbildung und Erziehung von jungen Pferden ist die Aufgabe von Erwachsenen.

Bei Pferden mit gutem Charakter ist die Erziehung nicht schwierig.

Die Erziehung und Ausbildung von Fohlen ist stets die Aufgabe eines erfahrenen Fachmanns. Wer sich im Umgang mit Pferden noch unsicher fühlt, sollte sich lieber frühzeitig nach Hilfe umsehen. Es ist besser, sich Rat zu holen, bevor das Pferd außer Kontrolle geraten ist, denn jede Korrektur ist doppelt so schwer und dauert ungleich länger als gleich eine fundierte und fachkundige Ausbildung.

Einem Kind sollte man kein Fohlen anvertrauen. So süß das Bild des netten Fohlens und des Kleinkindes aussieht, so heftig kann dies ins Auge gehen. Das zunächst gut gemeinte „gemeinsame Aufwachsen" von Fohlen und Kind muss naturgemäß schiefgehen. Das Fohlen wird mit dem Kind genauso umgehen wie mit Artgenossen. Jeder kann sich selbst ausmalen, was das bedeutet. Ein selbst noch erziehungsbedürftiges Kind kann außerdem niemals einem anderen Individuum die notwendige Erziehung zuteil werden lassen. Deshalb ist dies nur eine Aufgabe von Erwachsenen, die zudem entsprechend Erfahrung im allgemeinen Umgang mit Pferden mitbringen müssen.

Je mehr Ausbildung und Erziehung versäumt worden ist, desto härter wird man im Jährlingsalter oder auch später durchgreifen müssen. Da dies wohl kein Pferdeliebhaber anstrebt, muss man von Anfang an mit entschiedener Konsequenz vorgehen. Dies schließt die Fairness gegenüber dem Pferd aber keineswegs aus. Vielmehr bedeutet es, das richtige Maß von Strafe, Korrektur und Lob zu finden, die jeweils unmittelbar erfolgen müssen, um erfolgreich zu sein. Das Verhältnis von Lob und Strafe wird sich bei guten Ausbildern auf 90 Prozent Lob und 10 Prozent Strafe einpendeln. Allerdings spielt bei diesem Verhältnis auch der Charakter des Pferdes eine Rolle.

Bei schwierigen Pferden – meist haben diese Pferde eine falsche Behandlung erfahren – benötigt man mehr Zeit für die Ausbildung und Erziehung. Dieser Mehraufwand lohnt sich aber gewiss, denn später kann man sehr gut davon profitieren. In der Einreitphase tauchen wieder andere Probleme auf, sodass man froh ist, wenn man eine gute Vorarbeit geleistet hat.

Häufig wird auch der Fehler begangen, dass man über Erziehungsschwierigkeiten hinwegsieht und meint, die Probleme würden sich mit zunehmendem Alter des Pferdes von selbst lösen. Dies wird sicher nicht so sein, vielmehr wird sich das Problem eher verstärken. Deshalb sollte man nichts auf die lange Bank schieben, je früher man das Pferd diszipliniert, desto besser.

Erste öffentliche Auftritte

Für den professionellen Züchter ist die Vorstellung seines Nachwuchses auf Fohlenchampionaten und Zuchtschauen ein absolutes Muss, denn bei diesen Veranstaltungen wird der Nachwuchs beurteilt und mit den Fohlen anderer Züchter verglichen. Diese Bewertung ist für den Züchter außerordentlich wichtig, da sie den Verkaufspreis für sein Fohlen beeinflusst und ihm Aufschlüsse darüber gibt, ob die gewählte Anpaarung die Erwartungen erfüllt hat.

Aber auch der Hobbyzüchter kann es meist nicht umgehen, sein Fohlen vorzustellen, soll das junge Pferd einen Brand oder Mikrochip und Papiere bekommen. Der Rasse- und Nummernbrand oder anderweitige Kennzeichnung durch Mikrochip sowie der Equidenpass sind für die Identifizierung des Fohlens wichtig. Können die Abstammung und das genaue Alter anhand der Papiere nachgewiesen werden, ist auch der Marktwert des Pferdes höher als der von einem Pferd, dessen Herkunft unsicher ist. Schon aufgrund der Diebstahlgefahr sollte auch der Hobbyzüchter, der nicht die Absicht hat, sein Fohlen zu verkaufen oder später an Turnieren teilzunehmen, sein Pferd kennzeichnen lassen. Die Ausstellung eines Equidenpasses zu beantragen gehört außerdem zu den Pflichten des Pferdebesitzers.

Der Freizeitreiter will sein Fohlen aber auch mal auf anderweitigen Schauen und Veranstaltungen präsentieren, sei es, um das Pferd an derartige Unternehmungen zu gewöhnen oder einfach, um den

Für den professionellen Züchter ist das Vorstellen seines Pferdenachwuchses auf Fohlenchampionaten besonders wichtig.

Nachwuchs vorzuzeigen. Wenn das Fohlen noch bei der Mutter ist, gestalten sich solche Ausflüge relativ problemlos, da die Mutterstute für das Pferdekind Sicherheit bedeutet und die Nervosität begrenzt. Der Besuch von verschiedenen Veranstaltungen ist mit einem Jährling aber schon eine Herausforderung, da das Pferd nun auf sich allein gestellt ist und allein seinem Menschen vertrauen muss.

Vorbereitung auf Pferdeschauen

Vielleicht hat man Mutterstute und Fohlen bereits zum Brenntermin oder zu anderen Pferdeschauen transportiert. Doch die Situation muss neu beurteilt werden, wenn man nun alleine mit dem jungen Pferd Ausflüge unternimmt. Wie praktisch, wenn das Verladen und Transportieren nun schon zur Routine geworden ist. Jetzt muss das Fohlen nur noch schick herausgebracht werden, damit es sich von seiner besten Seite präsentiert. Das junge Pferd sollte auch schon sicher am Führstrick mitlaufen und stillstehen können. Jungpferde, die sich wild gebärden und mit ihrer Führperson während der Präsentation einen kleinen Zweikampf zu veranstalten versuchen, fallen nur negativ auf. Sie können auch durch die Richter nicht korrekt beurteilt werden. Deshalb sollte das Schrittgehen und Traben an der Hand auf einer vorgeschriebenen Bahn zu Hause geübt werden. Selbst das korrekte Aufstellen des Pferdes ist zu trainieren, wobei man sich erkundigen muss, auf welche Weise die Tiere aufgestellt werden müssen. In den Halterklassen der Westernpferderassen wünscht man eine geschlossene Stellung. Pferderassen, die in der konventionellen Reitweise eingesetzt werden, sollen hingegen in der offenen Stellung präsentiert werden, damit die Richter alle vier Beine von der Seite aus sehen können.

Man muss bedenken, dass sehr hochblütige Pferde trotz bester Vorbereitung zu Hause auf der Schau nervös werden und auch mal wegspringen können. Klappt es beim ersten Mal nicht so gut, gibt es immer noch eine zweite Chance. Außerdem sollte man die Ergebnisse einer Zuchtschau nicht überbewerten, denn was nützen einem die besten Exterieurmerkmale, wenn der Charakter zu wünschen übrig lässt? Auf einer Zuchtschau kann das vorgestellte Pferd nur einseitig beurteilt werden, denn der Besitzer selbst kennt sein Fohlen am besten und weiß, was er an ihm hat. Man darf sich also durch schlechte Ergebnisse nicht entmutigen lassen. Es gibt Pferde, die auf Zuchtschauen sehr schlecht abschneiden, dafür aber im Turniereinsatz große Erfolge erzielen. Andererseits kann der Charakter eines Pferdes auf Schauen nur unzureichend beurteilt werden, und dieser ist in vielen Fällen wichtiger als das beste Exterieur. Dies trifft insbesondere auf die Pferde zu, die in freizeitmäßigem Einsatz sind und sehr häufig als Geländepferde ihren braven Dienst tun. Und als Freizeitpferde sind über 90 Prozent aller gezüchteten Pferde im deutschsprachigen Raum im Einsatz.

> Zuchtschauen sollte man nicht überbewerten, weil der Charakter des Pferdes kaum bewertet werden kann, aber mindestens ebenso wichtig ist wie ein korrektes Gebäude.

Allerdings möchte man seinen Nachwuchs natürlich immer möglichst positiv präsentieren. Dazu gehört auch die entsprechende Pflege des Fohlens. Die Hufe müssen sauber hergerichtet und das Fell gut durchgebürstet werden. Je nach Rasse kann man die Mähne einflechten. Der Schweif trägt sich schöner, wenn man ihn einen Tag vor der Schau einflicht und ihn kurz vor dem Auftritt aufmacht und gut durchbürstet. Die Haare wellen sich etwas, wodurch der Schweif fülliger wirkt. Ist der Schweif aber noch recht kurz, belässt man ihn lieber natürlich.

Für all diese Vorbereitungen muss das Fohlen schon recht umgänglich sein, denn es muss sich die Hufe bearbeiten, putzen und waschen lassen. Aber auch das Führen und Verladen sind wichtige Voraussetzungen, um auf einer Schau sein Pferd erfolgreich präsentieren zu können.

ABSETZER UND JÄHRLINGE

Mitnahme des Fohlens auf Turniere

Einen Absetzer auf Turniere mitzunehmen bedeutet einen relativ hohen Aufwand. Fährt man nur mit einem Pferd, kann man den zweiten Platz im Hänger mit dem Jährling füllen. Jetzt ist es aber notwendig, mindestens einen Helfer dabeizuhaben, der sich ausschließlich um das Jungpferd kümmert. Seine Aufgabe wird sein, den Jährling auf dem Gelände herumzuführen, ihm den Abreiteplatz und die Zuschauer zu zeigen. Dies muss aber immer so geschehen, dass man keinen der teilnehmenden Pferde und Reiter behindert.

Oftmals klebt das Absatzfohlen am mitgebrachten Turnierpferd (das ja in der Regel ein Stallgenosse ist), sodass eine Trennung auf dem Gelände schwierig ist. Dann ist auch der Start beziehungsweise der mögliche Turniererfolg des erfahrenen Pferdes gefährdet. Dies sollte man einkalkulieren. Manchmal ist es deshalb besser, das Jungpferd alleine zu transportieren und kein Pferd auf dem Turnier zu starten, was einen zusätzlichen großen Aufwand bedeutet und deshalb meist nicht praktiziert wird. Man wird sich aber immer nach den Umständen entscheiden, welche Vorgehensweise sinnvoll ist. Vielleicht findet ein Turnier in unmittelbarer Umgebung statt, womit Transport-, Zeit- und Geldaufwand nur geringfügig sind.

Wenn es möglich ist, sollte man öfter die Gelegenheit nutzen, das Jungpferd schon an Veranstaltungen zu gewöhnen. Die Art der Veranstaltung ist im Prinzip nicht wichtig, denn überall sind normalerweise viele Leute, laute Musik und fremde Pferde.

Festzüge und Umritte

Somit bieten sich auch Festzüge und Umritte an wie traditionelle Leonhardi-Ritte, Karnevalszüge oder andere Festivitäten. Hier ist es angebracht, das junge Pferd als Handpferd mitzuführen, weil es auf diese Weise meist besser unter Kontrolle gehalten werden kann. Ein zusätzlicher Helfer, der das Fohlen auf der rechten Seite führt, kann außerdem eine gute Unterstützung sein.

Das korrekte Aufstellen des Pferdes muss man schon zu Hause üben, damit es auf der Schau klappt. Eine gute Vorbereitung trägt zu einer guten Platzierung und vielleicht sogar zum Sieg bei.

Manchmal genügt es auch schon, das Jungpferd auf dem Sammelplatz einige Runden zu führen und dann wieder die Heimreise anzutreten, um es nicht zu lange dem Trubel auszusetzen. Die Art und Länge der Aktivität hängt stets vom jeweiligen Nervenkostüm des Pferdes ab. Man sollte nichts erzwingen und immer auf die Sicherheit von Pferd und Mensch bedacht sein. Ideal wäre eine langsame Steigerung des Lärmpegels und der Anzahl der Menschen von Mal zu Mal. Leider kann man dies nicht steuern, es sei denn, man kennt die Art der Veranstaltung. Wenn sie jedes Jahr auf dieselbe Weise durchgeführt wird, weiß man in etwa, was einen erwartet.

Sicherlich ist es vernünftig, nervöse Pferde nur in Begleitung eines Stallgefährten mitzubringen. Doch muss man möglichst bald bestrebt sein, dass das Jungtier selbstständig wird, weil man sonst zeitlebens mit einem klebenden Pferd zu kämpfen hat.

DAS ZWEIJÄHRIGE PFERD

Erlangen der Geschlechtsreife

Ein weiteres Jahr ist ins Land gezogen und das Jungpferd ist größer und reifer geworden. Manche zweijährigen Pferde sehen noch sehr fohlenhaft aus, andere machen den Eindruck eines erwachsenen Pferdes. Dies ist von der Rasse abhängig, aber auch von der Aufzucht, den Haltungs- und Fütterungsbedingungen. Häufig aber sind die Tiere immer noch etwas „verbaut" und von einem schönen Pferd kann meist noch nicht die Rede sein. Der Sprung vom Jährling zum Zweijährigen ist aber bei vielen Pferden so groß, dass man jetzt schon ans Einreiten denkt und viele Pferdebesitzer praktizieren dies auch. Zweijährige Pferde sind aber noch lange nicht ausgewachsen, auch wenn sie nach außen hin den Eindruck eines „fertigen" Pferdes vermitteln. Obwohl sich manche Pferde etwas schneller, andere wiederum etwas langsamer entwickeln, kann pauschal gesagt werden, dass das Einreiten von Zweijährigen grundsätzlich zu früh ist. Die zu frühe Belastung rächt sich aber meist erst viel später, wenn sich frühzeitig Verschleißerscheinungen bemerkbar machen. Sicherlich spielt bei professionellen Trainern und Züchtern die Wirtschaftlichkeit eine große Rolle, wenn Pferde zu früh zur Arbeit herangezogen werden. Aus Gesichtspunkten

Hengste sind aufgrund ihres Geschlechtstriebes nicht immer einfach zu kontrollieren. Nur eine konsequente Erziehung und eine fachkundige Hand ermöglichen den gefahrlosen Umgang mit einem Hengst.

des Tierschutzes ist das Einreiten mit zwei Jahren jedoch grundsätzlich abzulehnen.

Gerade aber hobbymäßige Pferdebesitzer, die annähernd 95 Prozent aller Pferdehalter ausmachen, können und sollen es sich leisten zu warten, bis das Pferd mindestens dreijährig ist. Auch im Alter von zwei Jahren gibt es für den Pferdebesitzer eine Menge zu tun, um eine gute Erziehung und Grundausbildung sicherzustellen, damit das eigentliche Einreiten schließlich problemlos funktioniert.

Ein einschneidendes Ereignis im Leben eines Pferdes ist das Erlangen der Geschlechtsreife, die normalerweise mit zwei Jahren erreicht wird, sich aber manchmal nach vorne oder hinten verschieben kann. Man kann eine Verhaltensänderung feststellen, wobei viele Pferdebesitzer Schwierigkeiten haben, damit umzugehen. Besonders Hengste lassen sich jetzt gerne auf Machtkämpfe ein, und dies selbstverständlich

auch gegen den Menschen. Somit stellt sich die Frage nach einer Kastration, denn so mancher Jungpferdebesitzer muss frustriert erkennen, dass die Handhabung des Hengstes immer schwieriger wird und er bald keine Möglichkeit mehr hat, sich durchzusetzen.

Die Kastration von Hengsten

Das Wesen von jungen Hengsten kann sich mit Erreichen der Geschlechtsreife, die oft schon mit anderthalb Jahren eintritt, gravierend verändern. Plötzlich zeigt das Jungpferd deutliche Hengstmanieren, die sich in Schlagen und vor allem Steigen äußern können. Die Aufmerksamkeit gegenüber dem Ausbilder lässt nach, weil der junge Hengst nun nur noch Augen und Ohren für fesche Stuten übrig hat. Die Kontrollierbarkeit ist aufgrund des starken Geschlechtstriebes beim Hengst eingeschränkt, wenn man nicht zuvor

DAS ZWEIJÄHRIGE PFERD

schon auf eine konsequente Erziehung Wert gelegt hat. Sicherlich gibt es auch sehr umgängliche und ruhige Hengste, deren Hengstmanieren kaum an den Tag treten. Doch in der Regel kann sich auch deren Wesen schlagartig ändern, wenn sie in die Nähe einer rossigen Stute kommen. So sagt man Hengsten nach, sie seien unberechenbar und gefährlich. Dies trifft auf so manches ranghohe Exemplar sicherlich zu.

Mit der Kastration des Hengstes verliert das Tier im Normalfall seine Hengstmanieren, wenn der Junghengst früh genug gelegt wurde. Wallache sind sehr umgängliche Reitpferde, im Allgemeinen sagt man ihnen bessere Eigenschaften nach als Stuten, die in der Rosse auch schwierig sein können. Wenn das männliche Jungpferd ausschließlich als Reittier eingesetzt werden soll, ist es immer vernünftiger, es kastrieren zu lassen.

> „Wallache sind die besten Reitpferde", sagt man, weil der Geschlechtstrieb ausgeschaltet ist, der schwierig zu handhabende Verhaltensänderungen hervorrufen kann.

Die Kastration hat auch noch andere, entscheidende Vorteile. Ein Hengst muss in den meisten Reitbetrieben abgeschirmt gehalten werden. Oft kann man ihn nur alleine oder überhaupt nicht auf die Weide schicken. Das Zusammenführen mit Stuten ist unmöglich, wenn die Stuten nicht gerade von diesem Hengst gedeckt werden sollen, und selbst mit Wallachen gibt es häufig Probleme. Der Hengst betrachtet sie als Nebenbuhler und ist bestrebt, sie zu bekämpfen oder zu vertreiben. Somit wird ein Hengst immer ein einsames

Soll ein Hengst zur Zucht dienen, muss man Überlegungen anstellen, ob das Pferd dafür geeignet ist.

Leben führen, wenn er als Reitpferd genutzt wird. Dabei hat er immer mit seinem Geschlechtstrieb zu kämpfen, den er nicht ausleben darf. Deshalb tut man auch dem Hengst keinen Gefallen, wenn man ihn nicht kastriert. Als Wallach kann er in eine Herde integriert werden und hat dann ein befriedigenderes Leben.

Wenn der Hengst für die Zucht dienen soll, muss man sich überlegen, ob er hierfür überhaupt geeignet ist. Nur beste Pferde sollten in der Zucht eingesetzt werden, damit sich nur wünschenswerte Eigenschaften weitervererben. Hierzu zählen rassespezifische Exterieurmerkmale, aber auch das Interieur. Neben den äußeren Erscheinungsmerkmalen müssen auch Typ, Charakter, Gangarten und Ausstrahlung positiv zu beurteilen sein, damit ein Hengst (aber auch eine Stute) als Zuchtpferd taugt. Ein umgänglicher Hengst hat immer einen guten Charakter. Wenn ein Hengst aber gefährlich und unkontrollierbar wird, vererbt er meist auch einen schwierigen Charakter. Dann sollte man ihn als Zuchthengst aussondern.

Professionelle Zuchtbetriebe sind auf die Hengsthaltung eingestellt. Genügend große Weideflächen und Jungpferdegruppen als Gesellschaft befriedigen die Lebensbedürfnisse des Hengstes. Mit viel Glück darf der Zuchthengst auch mit den Stuten auf die Weide gehen, die er im Freisprung decken soll. Dies ist die natürlichste Haltungsform, mit der auch der Hengst glücklich ist. Doch diese Voraussetzungen können gerade dem als Reitpferd eingesetzten Hengst fast nie geboten werden.

In den meisten Fällen der Fohlenaufzucht werden deshalb die Junghengste im Alter von zwei Jahren kastriert. Damit schafft man wesentlich einfachere Voraussetzungen für die weitere Erziehung und Ausbildung des Pferdes. Soll das Jungtier aber Hengst bleiben, wird man in der Erziehung äußerst konsequent vorgehen müssen, um Schwierigkeiten zu vermeiden. Die kleinste Unachtsamkeit kann sich bereits rächen. Deshalb ist die Aufzucht und Erziehung von Hengsten erfahrenen Fachleuten zu überlassen. Nur allzu häufig überschätzen sich leider viele freizeitmäßigen Reiter bei dieser Aufgabe.

Zweijährige Stuten decken lassen?

Nicht selten werden zweijährige Stuten in Zuchtbetrieben bereits gedeckt, um das erste Fohlen zu bringen, wenn sie dreijährig sind. Erst dann werden die Stuten in der Regel auch zum Reitpferd ausgebildet. Das frühe Decken der jungen Stuten kann mehrere Gründe haben. Um dem Rassestandard gerecht zu werden, darf bei vielen Rassen (Ponys) ein bestimmtes Stockmaß nicht überschritten werden. Droht die Stute zu groß zu werden, deckt man sie zweijährig. Auf diese Weise kann das Größenwachstum gebremst werden, weil die Stute mehr Kraft für das Fohlen benötigt und so das Wachstum stoppt.

Ein anderer Grund ist, dass der Züchter möglichst früh ein Fohlen ziehen möchte, da der Verkauf der Jungtiere für ihn bare Münze darstellt. Er möchte die Stute, welche für die Zucht dienen soll, nicht noch ein weiteres Jahr durchfüttern, wenn sie doch jetzt schon gedeckt werden kann. Es ist leider ein Phänomen unserer Zeit, Pferde so früh wie möglich zu „verwerten".

Ein weiterer Grund, eine zweijährige Stute zu decken, ist die Einstellung, dass das Pferd sowieso noch nicht als Reitpferd dienen kann, wogegen es aber inzwischen ja schon mal ein Fohlen bringen kann. Die Besitzer einer zweijährigen Stute sind oftmals nicht in der Lage, mit dem Tier etwas anderes anzufangen, als es decken zu lassen. Dies zeugt vom Unwissen, dass gerade im Alter von zwei Jahren eine äußerst wichtige Zeit angebrochen ist, auf die man in der Erziehung und Ausbildung des Pferdes nicht verzichten sollte. Zwar können viele Lektionen auch mit einer tragenden Stute durchgeführt werden, doch sobald das Fohlen auf der Matte steht, ist das Neugeborene für die Ausbildung der mittlerweile dreijährigen Stute hinderlich.

Doch dies ist im Prinzip nicht der eigentliche Grund, weshalb man eine zweijährige Stute nicht decken sollte. Alle vorgenannten Gründe sind in meinen Augen nicht zu akzeptieren, weil die Bedeckung für die Stute einfach zu früh ist. Soll das junge Pferd nicht erst seine Jugend genießen dürfen? Außerdem ist der Körper der Stute durch das Austragen eines

DAS ZWEIJÄHRIGE PFERD

Kräftige Fohlen kann man nur von ausgewachsenen Mutterstuten erwarten.

Fohlens einer großen Belastung ausgesetzt. Für eine junge, noch keineswegs ausgewachsene Stute ist die körperliche Belastung noch größer, weil die frühe Trächtigkeit der Stute Substanzen entzieht, die sie selbst noch dringend für ihr Wachstum (unter anderem auch für den Knochenaufbau) benötigt. Einer zweijährigen Stute sollte man deshalb eine Trächtigkeit noch nicht zumuten.

Meistens sind die Fohlen von zweijährigen Stuten außerdem besonders klein und unterentwickelt, nicht nur deshalb, weil es sich um Erstlingsfohlen handelt, die häufig kleiner ausfallen, sondern weil die Stute körperlich einfach überfordert ist, um ein großes und kräftiges Fohlen zu bringen.

Gegen den Einwand, dass in freier Natur die Stuten auch häufig schon mit zwei Jahren gedeckt werden, kann argumentiert werden, dass die meisten zweijährigen Stuten zwar gedeckt, aber nicht tragend werden. Die Resorptionsrate ist bei jungen Stuten relativ hoch, was in freier Wildbahn in erster Linie mit dem Nahrungsangebot und den Umweltbedingungen in Zusammenhang steht. Müsste die zweijährige Stute das Fohlen austragen, wäre aufgrund ihrer erst mäßigen Konstitution ihr eigenes Leben gefährdet.

Probleme im „Flegelalter"

Die Größe und Kraft eines zweijährigen Pferdes hat nun annähernd schon das Endmaß erreicht. Es scheint, als wäre dies den Tieren durchaus bewusst, in jedem Fall aber testen sie ihre Stärke gegenüber anderen Artgenossen sowie gegenüber dem Menschen, wenn dieser es zulässt. Somit sind zweijährige Pferde oftmals schwieriger zu handhaben als Absetzer und erwachsene Pferde. Diese Phase, die etwa mit der Pubertät von Jugendlichen vergleichbar ist, kann bis zu einem Alter von vier bis fünf Jahren andauern. Die Auswirkungen sind von Pferd zu Pferd unterschiedlich, weil jedes Pferd einen individuellen Charakter hat, der diese Phase nicht unbedeutend beeinflusst. Selbstverständlich ist das jeweilige Verhalten auch von der Rasse abhängig. So gibt es Pferde, die in diesem Alter kaum mehr zu bändigen sind, andere wiederum bleiben so lammfromm wie eh und je.

Die Rangkämpfe der Halbstarken

So mancher Pferdebesitzer wird von seinem Youngster enttäuscht sein, wenn er plötzlich feststellen muss, dass sich aus seinem braven, gut erzogenen und umgänglichen Jährling ein rauflustiger, trotziger Zweijähriger entwickelt hat. „Habe ich in der Erziehung etwas falsch gemacht?", wird sich der eine oder andere fragen oder: „Ich habe ihn doch immer fair behandelt, warum ist er nur so bösartig geworden?". Die Wesensveränderung kann sich auf eine Weise vollziehen, dass man das eigene Pferd nicht mehr erkennt. Diese Erkenntnis kann so weit führen, dass man sich aus Unzufriedenheit sogar zum Verkauf des Pferdes entschließt. Doch dazu soll es nicht kommen, denn man sollte wissen, dass es sich hier um eine Phase handelt, die auch wieder vorübergeht. Man muss damit aber richtig umgehen können.

Im Alter von eineinhalb bis zwei Jahren haben die Tiere ihre Geschlechtsreife erreicht. In der freien Natur beginnt nun eine sehr ernste Zeit, in der sie sich gegen Artgenossen behaupten müssen. Dies gilt insbesondere für Junghengste, die nun vom Leithengst vertrieben werden, da die jungen Wildlinge oftmals in diesem Alter schon bestrebt sind, die eine oder andere Stute zu decken. Ehrgeizig versuchen sie, dem eigenen Vater einige Stuten abzujagen, was dieser natürlich zu verhindern sucht, indem er sie von der Herde wegtreibt. Somit schließen sich die Junghengste zu Junggesellentrupps zusammen und üben ihre Kampfkraft, bis sie stark genug sind, um dem Leithengst im ernsten Kampf gegenüberzutreten.

Die physische und psychische Stärke eines Junghengstes beeinflusst seinen weiteren Werdegang. Das natürliche Ziel eines jeden Hengstes ist das Bestreben, sich fortzupflanzen. Dieser Trieb muss sehr stark sein, damit das Überleben der Art inklusive der natürlichen Selektion gesichert ist. Die jungen Hengste sind in dieser Zeit deshalb besonders aggressiv und kampfbereit. Diese Aggressionsbereitschaft kann man nun auch innerhalb der hauseigenen Herde beobachten. Die Jungtiere werden die älteren Pferde immer wieder provozieren und versuchen, sie zu einem Kampf (der nun nicht mehr nur spielerisch, sondern immer häufiger ernst gemeint ist) herauszufordern. Ernsthafte Verletzungen entstehen bei den Kämpfen nur sehr selten. Die Tiere

Ranghohe „Halbstarke" versuchen sich auch gegen den Menschen durchzusetzen.

DAS ZWEIJÄHRIGE PFERD

brauchen die Auseinandersetzungen untereinander aber auch, um ihre seelische Ausgeglichenheit zu finden.

Nicht nur Hengste, sondern auch Stuten bekämpfen sich nun heftiger, denn die Zweijährigen werden jetzt oftmals schon vom Leithengst gedeckt, obwohl sie nur selten dabei tragend werden. In erster Linie geht es bei den Kämpfen um die Rangordnung innerhalb der Herde. Je größer und stärker die Stuten werden, desto eher können sie sich einen höheren Rang innerhalb der Herde erkämpfen. Als kleine Fohlen stehen sie immer an letzter Stelle in der Rangfolge. Das Ranggefüge kann sich nun ändern. Je nach Fitness, Charakter und Ausstrahlung müssen ältere Tiere für die nächste Generation Platz machen. Obwohl das Alter für die Rangfolge nicht die entscheidende Rolle spielt, sondern Typ, Charakter und körperliche Konstitution, insbesondere also die ererbte Veranlagung (vor allem bei Stuten), ein entscheidendes Wort mitzureden haben, sind die Jungtiere ab einem Alter von etwa zwei Jahren nun ernsthaft in der Lage, die Rangfolge gegebenenfalls neu zu formieren.

> **Im Alter von zwei Jahren stellen viele Pferde die Rangfolge infrage und kämpfen um eine bessere Stellung innerhalb der Herde. Dabei ist zu berücksichtigen, dass bei Stuten die Vererbung eine größere Rolle spielt, welchen Rang sie in einer Herde einnehmen werden, als bei Hengsten, die sich ihren Rang vermehrt erkämpfen müssen.**

Ein erfolgreiches Pferd gewinnt ein hohes Maß an Selbstbewusstsein, was für die weiterführende Ausbildung sehr nützlich sein kann. Ranghohe Pferde sind häufig auch sehr intelligent und meistern ihre Aufgaben spielerisch. Das rangniedrige Tier verändert sich im Wesen selten auffällig und ist deshalb auch von Unerfahreneren häufig gut zu handhaben.

„Ich meine es ernst!"

Ranghohe Pferde, die schon im Alter von zwei Jahren eine höhere Stufe innerhalb der Rangordnung erklommen haben, werden eines Tages versuchen, sich auch gegen den Menschen durchzusetzen. Und genau dies ist der Punkt, wo viele Pferdebesitzer verzweifeln. Plötzlich lehnt sich das sonst so brave Tier gegen sie auf, geht in Angriffsstellung über, bockt oder gehorcht einfach nicht mehr. Dann geraten einige Pferdeliebhaber an die Grenzen ihres Pferdeverstandes.

Doch auch Stuten und bereits kastrierte Hengste sind aufgrund der Rangordnungskämpfe gerade im Alter von zwei Jahren nicht die handzahmsten Tiere. Der Umgang mit den jungen Pferden erfordert deshalb eine fachkundige Hand. Der Pferdebesitzer muss nun doppelt aufmerksam sein, damit er Gefahren durch das provozierende Verhalten des Pferdes frühzeitig erkennen und abwenden kann.

Wegen der oft schwierigen Handhabung der Pferde in dieser Phase vermeiden viele Pferdebesitzer den Umgang und die Arbeit mit ihnen. Doch diese Einstellung, die sich oft als Schutzreaktion entpuppt (der Pferdebesitzer bekommt tatsächlich Angst vor seinem Tier), kann zu noch größeren Schwierigkeiten führen. Fühlt man sich überfordert oder hat man gar Angst vor seinem Pferd, ist der Rat und die Hilfe eines Fachmanns unumgänglich.

Gerade jetzt sind erzieherische Maßnahmen von doppeltem Wert. Wenn das Jungpferd als Saugfohlen den Menschen als Ranghöheren akzeptiert hat, ist dies nicht aufgrund erzieherischer Maßnahmen geschehen, sondern weil es in diesem Alter alles und jeden ohne Widerspruch als Stärkeren anerkennt. Der Mensch hat dazu nichts beigetragen. Aufgrund seiner Hilflosigkeit und Schwäche braucht das Fohlen jemanden, dem es vertrauen kann und der es leitet. Doch mit zunehmender Selbstständigkeit, die mit dem Absetzen beginnt, stellt das Pferd die Positionen innerhalb des Gefüges infrage. Weil der Mensch aber immer die Oberhand über das Pferd behalten muss, kann er sich selbst gegenüber

Ein hohes Maß an Selbstbewusstsein ...

keine Aufmüpfigkeiten und Rangstreitigkeiten dulden. Vielmehr ist es jetzt besonders wichtig, dem Pferd durch konsequentes Verhalten klarzumachen, wer hier nach wie vor das Sagen hat. Erst jetzt entscheidet sich tatsächlich, wer in Zukunft wem zu folgen hat. Darauf sollte man vorbereitet sein. Auch noch Jahre später werden viele Pferde immer wieder austesten, ob sie in der Rangfolge nicht doch ein Stückchen weiter nach oben klettern können. Die eine oder andere Widersetzlichkeit wird sich also immer einmal zeigen. Später aber geben die Pferde schneller nach, wenn man frühzeitig Einhalt gebietet.

Doch jetzt – in ihrem jugendlichen Übereifer – wollen sie es so richtig wissen. Wenn man in dieser Phase nicht durchgreift, schafft man sich ein handfestes Problem.

Wenn sich ein Pferd ungezogen benimmt, bedeutet das noch lange nicht, dass es bösartig geworden ist. Vielmehr weiß man, dass es die Rangfolge infrage stellen will. Es ist natürlich unsinnig, sich auf einen Kampf mit dem Pferd einzulassen, denn diesen wird man aufgrund der geringeren Körperkraft mit sehr hoher Wahrscheinlichkeit verlieren. So weit darf man es nicht kommen lassen. Also muss man dem Tier zuvorkommen und Aufmüpfigkeiten schon im Keim ersticken. Dies geschieht durch Konsequenz, im Notfall (wenn man nicht konsequent genug war oder das Pferd die Konsequenz nicht akzeptiert hat) schließlich durch eine strafende Einwirkung. Es tut innerlich sicherlich weh, wenn man im Flegelalter des Pferdes öfter mal zu härteren Mitteln greifen muss, doch will man später nicht ständig strafen müssen, ist ein konsequentes Durchgreifen in dieser Phase unumgänglich. Das muss aber nun nicht heißen, dass man das Pferd nur noch strafen muss. Es kann bereits eine laute Ermahnung genügen oder die erhobene Hand, um das Pferd zur Ordnung zu rufen. Doch dies muss sofort und unmittelbar geschehen, sobald

DAS ZWEIJÄHRIGE PFERD

... kann für die Ausbildung von großem Nutzen sein.

das Pferd die Absicht einer Widersetzlichkeit gezeigt hat. Je früher man sie im Keim ersticken kann, desto weniger hart müssen die Mittel sein. Bleibt man deshalb bei der notwendigen Konsequenz und hat auch schon im Jährlingsalter an der konsequenten Erziehung gearbeitet, wird man kaum Strafen anwenden müssen. Das Pferd muss in jedem Fall spüren, dass man es mit seinen Forderungen ernst meint.

Keine Erziehung funktioniert allein mit Strafen und Ermahnungen. Viel wichtiger ist die Belohnung, die man auch in der schwierigen Phase der Pferdeerziehung nicht außer Acht lassen darf. Man sollte sogar jede Gelegenheit nutzen, um das Pferd loben zu können. Das Lob ist immer das Mittel dazu, um Bestrafungen in Grenzen zu halten, weil das Pferd sich immer öfter für das Verhalten entscheidet, das ihm anstatt einer Strafe eine Belohnung einbringt. Das Pferd wählt immer den einfacheren und angenehmeren Weg. Deshalb geht man in der Ausbildung und Erziehung immer nach dem Leitfaden vor, dem Pferd die unerwünschte Reaktion schwer, den korrekten Weg aber leicht zu machen.

> Das Lob ist in der Erziehung und Ausbildung von Pferden wichtiger als die Strafe.

Gehorsam und Disziplin intensivieren

Die bereits erlernten Lektionen können sich plötzlich als neue Herausforderung darstellen, wenn das Pferd kein Interesse zeigt, seine Aufgabe zu erfüllen. Es kann manchmal sehr frustrierend sein, wenn die

Obwohl man mit vielen Übungen, die man jetzt mit einem Zweijährigen macht, noch keinen Bezug zum Reiten herstellen kann, wird das Pferd dadurch auf das Anreiten vorbereitet.

einfachsten Übungen nicht mehr gelingen, weil das Jungpferd versucht, sich zu widersetzen. Diese Gelegenheit sollte man aber nutzen, um die Disziplin und den Gehorsam des Jungpferdes zu festigen. Das Pferd ist nun auch schon in der Lage, sich über einen längeren Zeitraum (etwa 20 bis 30 Minuten) zu konzentrieren, sodass intensives und konsequentes Arbeiten das richtige Rezept ist, um die Ausbildung des Pferdes auf ein stabiles Fundament zu setzen.

Mit den Lektionen, die das Jungpferd in seinem dritten Lebensjahr lernen soll, wird es bereits auf das Anreiten vorbereitet. Obwohl man bei vielen Übungen vielleicht jetzt noch keinen Bezug zum Reiten herstellen kann, sind sie als Grundlage unverzichtbar.

Umschulen auf verbale Instruktionen

Das Führtraining des jungen Pferdes soll nun in einem weiteren Ausbildungsschritt konkretisiert werden. Das zweijährige Pferd kennt die Führkette schon von den ersten selbstständigen Führ-Ausflügen ins Gelände. Möglicherweise wurde es auch schon mit der Gerte bekannt gemacht, die nun bei der Arbeit vom Boden aus unverzichtbar wird, weil die Arme der Führperson das mittlerweile entsprechend gewachsene Pferd nicht mehr umfassen können. Die Gerte stellt die Verlängerung des Armes dar und dient uns in erster Linie als Hilfsmittel. Nur in Ausnahmesituationen kann sie als Strafinstrument zum Einsatz kommen.

Hatte das Pferd noch keine Gelegenheit, die Gerte kennenzulernen, wird es nun damit vertraut gemacht. Das Tier darf keine Angst vor der Gerte zeigen, wenn man sie erfolgreich als Hilfsmittel einsetzen will. Normalerweise lassen sich Fohlen, durch das vorangegangene Training desensibilisiert, überall anfassen, ohne ängstlich zu werden. Dies haben sie im Aussacktraining gelernt, das ebenfalls intensiviert werden

DAS ZWEIJÄHRIGE PFERD

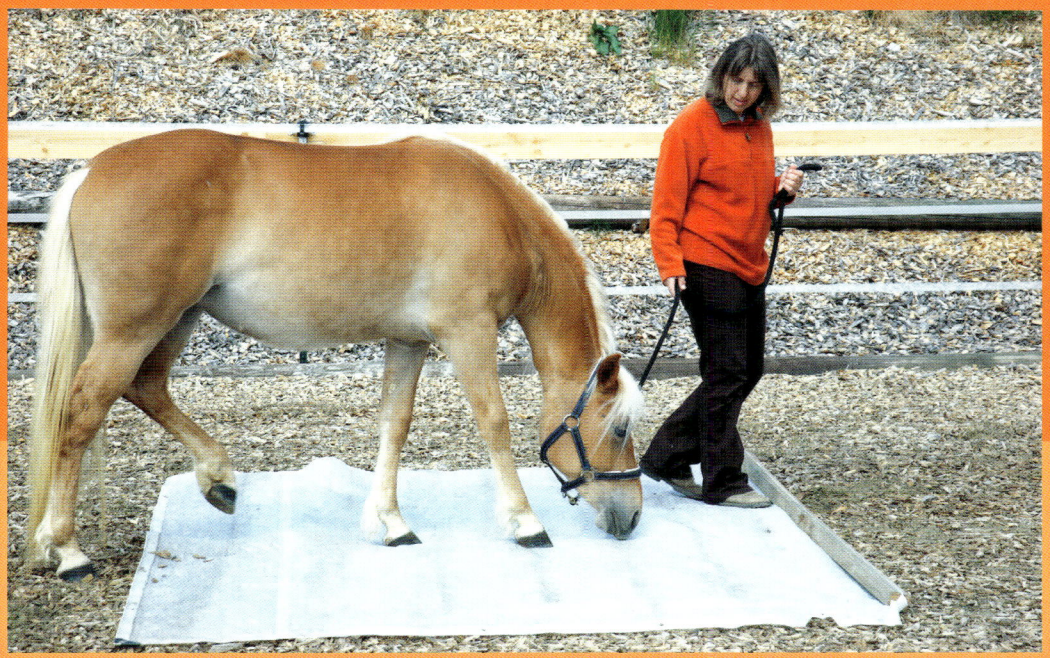

Die Desensibilisierung gegenüber neuen Geräuschen und Gegenständen kann man nicht oft genug üben.

soll (s. S. 103). Bei gut vorbereiteten Pferden dürfte es keine Schwierigkeiten machen, die Zweijährigen mit der Gerte am ganzen Körper zu berühren, ohne dass sie Abwehrreaktionen zeigen. Man streicht vom Hals beginnend das ganze Pferd mit der Gerte ab und vergisst dabei auch nicht den Bauch und die Innenseite der Beine. Bleibt das Pferd ruhig stehen, kann man die Gerte als Hilfsmittel einsetzen. Zeigt das Jungpferd jedoch Angst und Unsicherheit, wurde die Gerte möglicherweise zu häufig bereits als Strafinstrument missbraucht oder das Fohlen hat noch nicht genügend Vertrauen zum Menschen.

Bislang hat sich das Pferd am Führstrick immer dann in Bewegung gesetzt, wenn die Führperson losmarschiert ist. Pferde sind Tiere, die sich in erster Linie über die Körpersprache verständigen. Da ihnen eine andere Kommunikationsmöglichkeit fremd ist, wenden sie ihre Körpersprache auch an, wenn Menschen mit ihnen umgehen. Das heißt, dass sich das Pferd nach den Körperpositionen und -bewegungen des Menschen orientiert, um darauf zu reagieren. Tritt die Führperson an, folgt es ihr.

Im Hinblick auf die Vorbereitung als Reit- oder Fahrpferd beginnt man jetzt ein Training, in dem das Tier lernt, nicht über die Körpersprache, sondern über die Stimme des Menschen Anweisungen entgegenzunehmen. Fahrpferde werden aufgrund der beschränkten Einflussnahme des Kutschers hauptsächlich auf Stimmbefehle ausgebildet. Für das Reitpferd ist die Stimme ebenfalls sehr wichtig, weil man ihm dadurch die späteren Schenkel- und Zügelhilfen, die man ihm vom Boden aus nur unzureichend nahebringen kann, leichter verständlich machen kann.

> **Die Umschulung von der Körpersprache auf verbale Kommunikation erleichtert die Ausbildung des Pferdes enorm.**

Die Ausgangsposition beim Führen.

DAS ZWEIJÄHRIGE PFERD

Hat das Pferd gelernt, allein auf das Stimmkommando anzutraben, wird ein gehorsames Pferd ohne weitere Hilfen dem Befehl Folge leisten und antraben. Sitzt man im Sattel eines noch unausgebildeten Reitpferdes, kann man die Stimme genauso gut einsetzen wie vom Boden aus, sodass das Pferd kontrollierbar wird, ohne dass es Schenkel- und Zügelhilfen kennt.

Kombiniert man nun die Schenkel- und Zügelhilfen mit den bekannten Stimmkommandos, lernt das Pferd auf diese Weise am schnellsten, welche Hilfen was bedeuten. Durch diese Verbindung muss das Pferd nicht erst aus schlechter Erfahrung lernen, was sich meist in Strafen äußert, wenn es auf eine unbekannte Schenkelhilfe falsch reagiert. Durch den prioritätsmäßigen Einsatz der Stimme kann das Vertrauen gefestigt sowie eine höhere Aufmerksamkeit erlangt werden. Schließlich tut dem Pferd die Stimme auch als Strafe (hart und laut gesprochene Worte) körperlich nicht weh. Die Sensibilität gegenüber der Hilfegebung bleibt außerdem erhalten.

Sobald das Jungtier die verbalen Instruktionen für alle notwendigen Manöver kennengelernt hat, ist es nach Gewöhnung von Sattel und Zaumzeug theoretisch schon reitbar. Deshalb ist dieses Training eines der wichtigsten Kapitel bei der Fohlenerziehung und -ausbildung.

Die Aufgabe der Führperson besteht nun darin, die Hilfen von der Körper- auf die verbale Sprache zu übertragen. Auch dies erreicht man über die Kombination der bekannten Körpersprache mit dem für das Pferd noch unverständlichen Stimmkommando. Um ihm beizubringen, letztendlich nur noch auf die verbale Anweisung zu reagieren, muss diese der Körpersprache vorangestellt werden. In der Praxis funktioniert die Übung wie folgt: Die Führperson steht auf Halshöhe des Pferdes und greift den Führstrick etwa 30 Zentimeter unterhalb des Kinns. Die Gerte

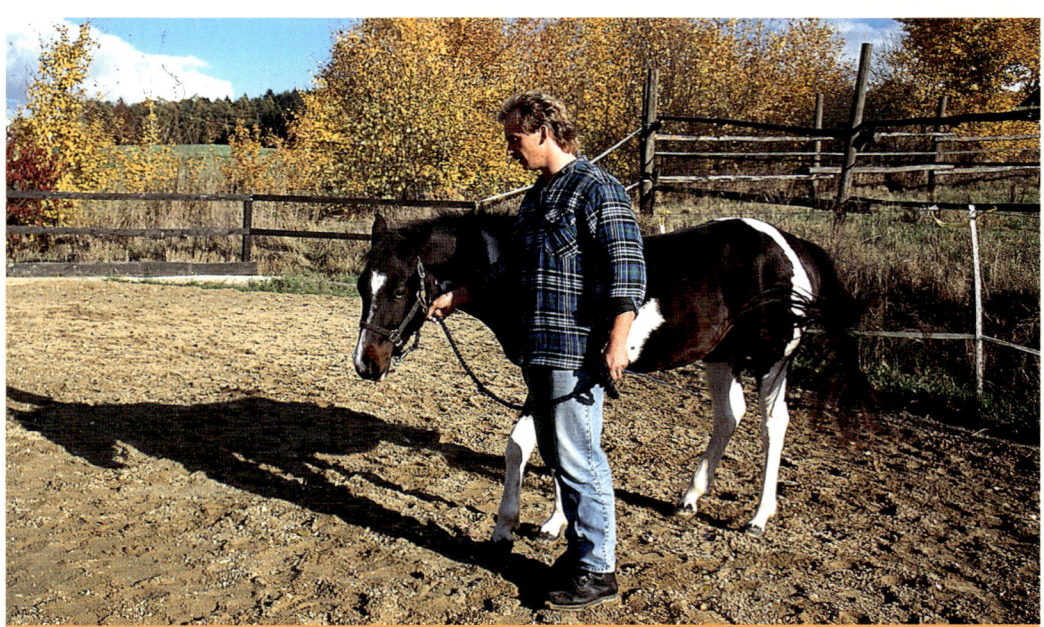

Auf das Stimmkommando sollte das Pferd zuerst antreten, während die Führperson noch nicht antritt. Nur so ist gewährleistet, dass das junge Tier allein auf die verbale Aufforderung reagiert.

liegt in der linken Hand. Jetzt schreitet man nicht mehr einfach voran und erwartet, dass das Pferd einem folgt, wie es die meisten Fohlenbesitzer bislang praktiziert haben, sondern man gibt dem Jungtier zuerst das für das Antreten vorgesehene Stimmkommando (zum Beispiel „Komm" oder „Schritt"), wartet zwei Sekunden und geht dann erst selbst los.

Sicherlich wird das Pferd bei den ersten Versuchen nicht sofort auf das Wort „Komm" losmarschieren, sondern erst dann antreten, wenn die Führperson sich in Bewegung setzt. Doch es verbindet das Wort mit zunehmenden Wiederholungen mit der gewünschten Reaktion, sodass es nur noch eine Frage der Zeit ist, bis das Pferd auf das Wort allein reagiert.

Diese Aufgabe funktioniert nicht, wenn die Führperson zu früh losgeht! Zwei Sekunden benötigt das Tier als Reaktionszeit, die man ihm geben muss, damit es das Wort mit dem Manöver assoziiert. Bevor man die Übung mit der Körpersprache (in diesem Fall: selbst losgehen) unterstützt, hilft man dem Pferd nach der verbalen Instruktion und den zwei Sekunden Reaktionszeit mit einem sanften Zupfen am Führstrick, einem leichten Touchieren mit der Gerte an der Hinterhand sowie nochmaligem Wiederholen des gesprochenen Kommandos.

Gelingt die Aufgabe, darf das kluge Pferd ausgiebig gelobt werden. Nun wird man auf keinen Fall mehr als Erster losschreiten, wenn man das Antreten fordert, denn ab nun gilt prioritätsmäßig das Stimmkommando.

Das Anhalten

Die Stimmhilfe wurde schon bei den Übungen zum Stillstehen eingesetzt und wird bei vielen Pferdebesitzern häufig als begleitende Hilfegebung auch unbewusst oder automatisch angewendet. Der Grund dafür ist, dass der Mensch seine verbale Sprache als hauptsächliches Kommunikationsmittel verwendet. Für das Pferdetraining jedoch ist es nicht allein wichtig, dass die Stimme eingesetzt, sondern wie und wann sie angewendet wird. Nur durch die richtige Betonung und den korrekten Zeitpunkt ist es möglich, die Bedeutung der Worte auch dem Pferd klarzumachen. So muss die verbale Anweisung mit anschließender Reaktionszeit stets als erste Hilfe erfolgen. Wird weitere Unterstützung benötigt, kann sie in Form von Zügel (Führstrick), Gerte und schließlich der Körpersprache erfolgen. Das Ziel ist jedoch die alleinige Reaktion auf den stimmlichen Befehl.

Es ist auch nicht unbedeutend, in welchem Ton man die Anweisung gibt. Beiläufig gegebene Befehle überhört das Pferd ebenso wie Geflüster. Kommt das Kommando zu abrupt und scharf, erschrickt das Tier womöglich und reagiert ebenfalls nicht richtig. Die Instruktion muss auch als solche beim Pferd ankommen, deshalb ist ein bestimmender Tonfall mit deutlicher Aussprache nötig, um die Übung erfolgreich abzuschließen. Erst wenn die sprachlichen Anweisungen in Fleisch und Blut übergegangen sind, genügt oft tatsächlich schon ein Flüstern, damit das Pferd gehorcht.

Nach dem Antreten geht man zum nächsten Lernschritt über, der logischerweise das Anhalten darstellt. Das Prinzip der Übung ist mit dem Antreten vollkommen identisch. Zuerst gibt man das Stimmkommando wie beispielsweise „Steh" oder „Whoa". Es muss nur immer dasselbe Wort sein, das man für ein Manöver auswählt, ansonsten ist das Pferd irritiert. Wieder wartet man die obligatorischen zwei Sekunden ab, um dem Tier Gelegenheit zu geben, auf die verbale Anweisung zu reagieren. Anfangs gelingt die Übung normalerweise noch nicht, sodass der verbale Befehl nun wiederholt und gleichzeitig leicht am Führstrick gezupft werden muss. Zudem führt man die Gerte in waagerechter Position vor die Nase des Pferdes, um die Vorwärtsbewegung zu blockieren. Stoppt das Pferd nun ab, geht man selbst noch zwei bis drei Schritte weiter, wobei man den Führstrick locker lässt. Jetzt kann man sich außerdem noch zum Pferd umdrehen und sich zur Bekräftigung der Forderung davorstellen.

Bleibt das Jungpferd nicht stehen, arbeitet man in letzter Sequenz mit der Körpersprache und stoppt selbst ab. Wiederholt man die Übung einige Male, wird das Pferd auch hier bald auf die stimmliche Anweisung anhalten. Jedoch darf man die Geduld nicht verlieren. Manche Pferde benötigen einfach mehr Wiederholungen, bis sie begreifen. Dafür vergessen sie eine einmal erlernte Übung nicht mehr so schnell. Frustrierender kann es sein, wenn das Pferd schnell lernt, das Ganze aber am nächsten Tag schon wieder vergessen hat, sodass man meint, wieder von vorne beginnen zu müssen. Die Lektion kann außerdem auch nur dann gelingen, wenn das Pferd seine ungeteilte Aufmerksamkeit stets seinem Ausbilder zuwendet.

Ground Tying

Kennt das junge Pferd das Kommando zum Anhalten, muss diese Anweisung so lange bestehen bleiben, bis sie durch einen anderen Befehl abgelöst wird. Es gilt deshalb, jeden Schritt konsequent zu korrigieren, indem man das Pferd genau an den Platz zurückmanövriert, an dem man die Instruktion zum Halten gegeben hat. Schon als Jährling hat der Vierbeiner das Stillstehen gelernt, welches jetzt noch weiter ausgebaut werden soll, indem wir uns vom Pferd entfernen, während es nicht angebunden ist. Diese Aufgabe nennt man Ground tying.

Auf dem Übungsplatz verlangen wir das Anhalten, loben das Pferd, lassen den Führstrick auf den Boden fallen und bewegen uns zunächst am Pferd entlang nach hinten, während ständiger Handkontakt zum Pferd besteht. Sollte sich der Vierbeiner jetzt schon entschließen wegzulaufen, nimmt man den Führstrick auf, stellt das Tier an seinen Platz zurück und verlangt das Stillstehen nochmals. Dies wiederholt man so lange, bis das Fohlen erkennt, dass Weglaufen sinnlos ist. Gelingt die Übung, das Pferd zu umrunden, ohne dass es einen Schritt wegtritt, während man ständigen Kontakt zu ihm hat, kann man die Aufgabe erschweren, indem man sich weiter von ihm entfernt. Dazu tritt man zunächst einige Schritte rückwärts, wobei man dem Tier aber immer direkt gegenübersteht. Somit baut man mit dem eigenen Körper eine Blockade auf. Später kann man das Pferd

DAS ZWEIJÄHRIGE PFERD

Das Pferd bleibt auf das Stimmkommando stehen, obwohl die Führperson weitergeht. Als unterstützende Maßnahme kann man sich abschließend vor das Pferd stellen, um seinen Vorwärtsdrang zu blockieren.

Die Übung zum Anhalten kann man nun ausbauen, indem man sich weiter vom Pferd entfernt. Schließlich kann man den Führstrick auch loslassen, während das Pferd gehorsam stehen bleibt.

DAS ZWEIJÄHRIGE PFERD

So sieht schließlich das perfekte Ground tying bei einem ausgebildeten Pferd aus.

in größerem Abstand (circa fünf Meter) auch umkreisen, ohne dass der Vierbeiner das Weite sucht. Um den Führstrick anfangs noch nicht loslassen zu müssen, kann man auch einen längeren Strick oder eine Longe nehmen, um sich einige Meter vom Pferd entfernen zu können.

Kluge Pferde kann man auch bei fortgeschrittenem Training nicht außer Sichtweite abstellen, da sie genau wissen, wann der Mensch keine Einflussnahme mehr hat. Sichtkontakt bedeutet Kontrolle! Deshalb sollte dieser nie unterbrochen werden. Andererseits würde das Allein lassen des Pferdes außer Sichtweite nicht den notwendigen Sicherheitsvorkehrungen im Umgang mit Pferden entsprechen. Auch wenn das Training in umzäuntem Bereich stattfindet – ein frei laufendes Pferd kann beispielsweise auf den Führstrick treten und sich verletzen, wenn man nicht schnell genug eingreifen kann. Die Kontrolle über das Tier darf also niemals verloren gehen.

Das Rückwärtsrichten

Das Rückwärtsrichten ist eine wichtige Lektion, die unter dem Sattel häufig gefordert wird. Viele Dressuraufgaben verlangen diese Übung. Sie wird aber auch in vielen Lektionen im Westernreitsport verlangt. Nicht zuletzt dient es auch der Sicherheit, ein Pferd zu besitzen, das sich in jeder Situation gut rückwärts dirigieren lässt. Es hilft, das Pferd in jeder Lage sicher zu beherrschen und zu kontrollieren. Außerdem nutzt man das Rückwärtsrichten, um ein Pferd vom Boden aus zu lenken und schließlich, um seinen Gehorsam zu steigern. Pferde zeigen in freier Natur mit dem Rückwärtstreten ein Ausweichen und Nachgeben an, es ist also unter anderem eine Untergebenheitsgeste einem ranghöheren Artgenossen gegenüber. Deshalb ist diese Aufgabe gut geeignet, um das Tier zu disziplinieren, was bei Zweijährigen nicht selten notwendig ist. Allerdings sollte man das Rückwärtsrichten nicht als Strafmittel anwenden, weil die Pferde dann nur ungern rückwärtsgehen.

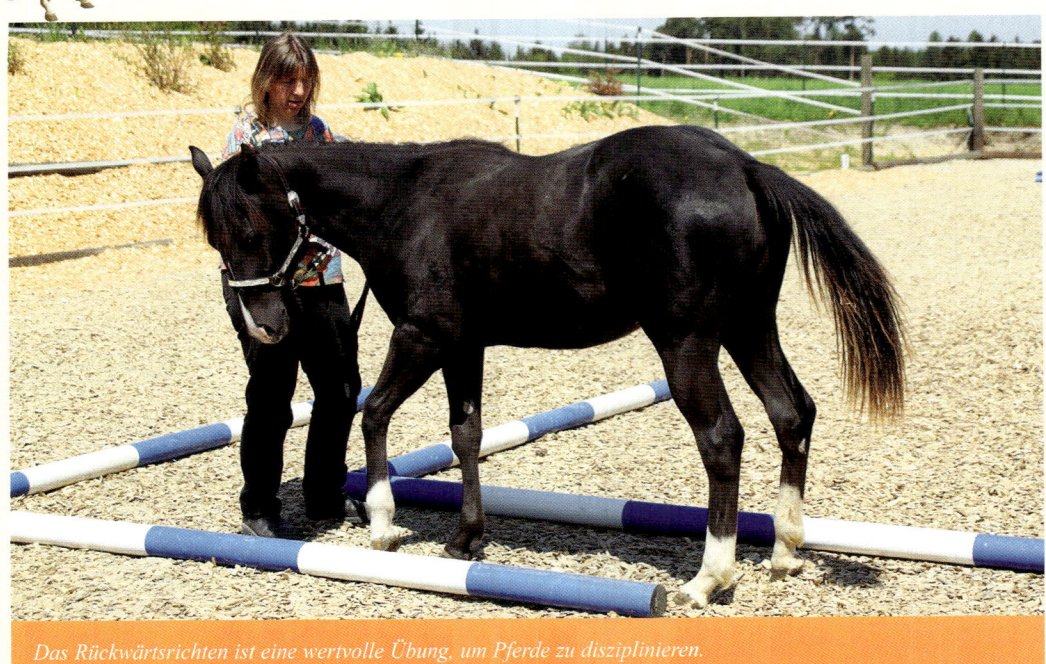

Das Rückwärtsrichten ist eine wertvolle Übung, um Pferde zu disziplinieren. Ein Stangenhindernis erhöht den Schwierigkeitsgrad der Aufgabe.

Die Grenze zwischen den Aktionen, ein Pferd zur Ordnung zu rufen und es zu strafen, ist sehr schmal. Unterschieden wird aber deutlich zwischen einer korrigierenden und strafenden Einwirkung.

> **Das Rückwärtsrichten ist eine wertvolle Aufgabe, um junge Pferde zu disziplinieren. Als Strafmittel sollte das Rückwärtsrichten jedoch nicht angewendet werden.**

Ein Pferd, das zur Strafe rückwärtstreten muss, wird die Übung niemals fleißig und mit Freude ausführen. Das Ziel ist es jedoch, ein flottes und lockeres Rückwärtsrichten zu erreichen, wodurch der Rücken aufgewölbt wird und die Hinterhand untertreten kann. Bei gequältem, erzwungenem Rückwärtsgehen hingegen nimmt das Pferd den Kopf hoch und drückt den Rücken weg.

Zunächst muss das Pferd wiederum verstehen, was wir von ihm wollen. Dazu stellen wir uns seitlich vor das Pferd und sehen in Richtung Schweif. Wiederum kommt zuerst die verbale Instruktion zum Einsatz, die in Zukunft die wichtigste Hilfe für dieses Manöver sein soll. Nach dem Kommando wartet man zwei Sekunden, wiederholt die Aufforderung, zupft am Führstrick und tippt mit der Gerte leicht auf die Brust des Pferdes. Anfangs ist es wahrscheinlich einfacher, die Hand zu Hilfe zu nehmen, deren Finger seitlich des Armkopfmuskels gegen die Brust drücken. An dieser Stelle sind die meisten Pferde empfindlich und weichen deshalb deutlich aus.

Weicht das Jungpferd ein oder zwei Schritte zurück, lässt man es gut sein und fordert das Pferd mit dem dafür bereits bekannten Kommando auf, stehen zu bleiben. Es ist ein großer Fehler zu versuchen, möglichst viele Schritte rückwärtszurichten, weil man damit nur erreicht, dass das Pferd immer weniger Tritte gehen möchte und somit zögerlich und

DAS ZWEIJÄHRIGE PFERD

unwillig wird. Man verlangt deshalb immer weniger Schritte, als das Pferd von sich aus anbietet. Mit zunehmendem Training kann die Schrittanzahl langsam gesteigert werden.

Später wird man ohne Zügel- und Gertenhilfe auskommen, wenn man stets darauf achtet, dass das Fohlen vorrangig auf die Stimmhilfe reagiert. Ist dies der Fall, darf man mit Lob nicht sparen. Schließlich wird es möglich sein, das Pferd am langen Führstrick oder an der Longe mehrere Meter zurückzuschicken, während man selbst an Ort und Stelle stehen bleibt. In weiterer Steigerung benötigt man nicht mal mehr einen Führstrick als Verbindung.

Sind dem Pferd die Kommandos fürs Stehenbleiben, Rückwärtsrichten und Antreten geläufig, kann man es auf dem (umzäunten!) Übungsplatz aus der Ferne dirigieren: Losmarschieren, anhalten, rückwärts treten, anhalten usw. Dies erfordert aber schon ein sehr sicheres und gehorsames Pferd.

Das Aussacken

Zur Abwechslung kann man zwischendurch wieder eine Aussacklektion einschieben. Da das Pferd die Berührung mit allerlei Decken, Tüten und Planen bereits akzeptiert, fährt man nun schon mit größeren Geschützen auf. Jetzt kommt beispielsweise der berüchtigte Klappersack zum Einsatz. Hierzu füllt man leere Dosen in einen Jute- oder Plastiksack. Wieder darf unser Fohlen daran schnuppern, bevor man mit dem Klappersack sanft über den Hals streicht. Den Führstrick hält man in der Hand, denn aus Sicherheitsgründen sollte das Tier nicht angebunden sein. Das Aussacktraining vollzieht man an einem Ort, der viel Platz bietet (nicht in der Box!), sicher (nicht in der Stallgasse, in der Mistgabeln herumstehen) und eingezäunt ist. Somit wählt man am besten den Paddock, den Reitplatz oder die Reithalle.

Akzeptiert das junge Pferd die Berührung mit dem Klappersack ohne Angstreaktionen, darf man den Geräuschpegel steigern, indem man den Sack vorsichtig schüttelt. Letztendlich sollte das Pferd den Klappersack auf dem Rücken sowie unter dem Bauch dulden.

Dieselben Übungen vollzieht man mit anderen Gegenständen, wie zum Beispiel Gymnastikbällen. Wenn das Pferd stehen bleibt, wird ein großer Sitzball mit etwa 65 Zentimetern Durchmesser unter seinem Bauch hindurchgerollt. Die meisten Pferde fühlen sich äußerst unwohl, wenn der Ball unter ihrem Bauch liegt. Man muss bedenken, dass der Bauch

Das Aussacktraining kann mit vielerlei Gegenständen erweitert werden. Ein Gymnastikball eignet sich hierzu sehr gut, der schließlich unter den Bauch gerollt wird. Später kann man dann auch Pferdefußball spielen.

Aussackübungen kann man nicht oft genug ins Trainingsprogramm einbauen.

eine sehr empfindliche Stelle ist, die der Vierbeiner unter allen Umständen zu schützen versucht. Wäre der Sitzball jetzt ein Raubtier, wäre das Pferd in höchster Lebensgefahr. Jeden unbekannten Gegenstand stuft das Pferd zunächst als gefährlich ein – kein Wunder also, wenn es sich unbehaglich fühlt.

Hat das Tier mittlerweile Vertrauen gefasst, ist es auch möglich, große Plastikplanen über den Rücken und sogar über den Kopf zu ziehen, ohne dass der Vierbeiner panisch reagiert. Man muss aber bedenken, dass Pferde jeden Tag anders reagieren können und dass eine andersfarbige Plane oder ein anderer Ort eine vollkommen neue Situation für das Fohlen bedeutet. Es kann gut möglich sein, dass man in diesem Fall mit dem Training wieder von vorne beginnen muss. Allerdings wird das Pferd die Gegebenheiten von mal zu mal schneller und problemloser akzeptieren. Das vorangegangene Training ist deshalb keineswegs fruchtlos.

Das Aussacktraining ist ebenfalls eine sinnvolle Vorbereitung, bevor das Pferd unter den Sattel genommen wird, da das Reittier dann Sattel und Reiter auf

Duldet das Pferd die knisternde Plastikplane über seinem Rücken, zeugt dies von großem Vertrauen. Bei diesen Pferden kann in der Regel auch das erstmalige Satteln problemlos durchgeführt werden.

seinem Rücken meist ohne Widerstand toleriert. Die Desensibilisierung hat auch noch einen weiteren Vorteil. Besonders flegelhafte Zweijährige lassen sich mit diesem Training sehr schnell von ihrem „hohen Ross" herunterholen. Sie sind garantiert bald nicht mehr so aufmüpfig, wenn sie feststellen, dass sie den Schutz und die Geborgenheit in der Obhut des Menschen sehr gut gebrauchen können. Sie lernen dabei sehr schnell, dass es besser ist, dem Besitzer zu vertrauen und seinen Anweisungen Folge zu leisten.

> Den Übermut von besonders flegelhaften Zweijährigen kann man mit dem Aussacktraining sehr gut bremsen.

DAS ZWEIJÄHRIGE PFERD

Gymnastizierende Übungen

Mit den nun folgenden Lektionen lassen sich gute Voraussetzungen schaffen, um die Manöver später unter dem Sattel ohne Schwierigkeiten auszuführen. Die Übungen gymnastizieren das Pferd und bereiten es somit auf die Aufgaben als Reitpferd vor. Vor allem lernt es, die Beine zu koordinieren, was sich in taktreinen Gängen und einer besseren Balance äußert. Die Körperbeherrschung wird gesteigert, die ihm außerdem Vorteile in allen späteren Manövern bringt. Nicht zuletzt dienen gymnastische Übungen auch dazu, den Gehorsam und die Konzentrationsfähigkeit zu steigern.

Beim Übertreten von Stangen erlangt das Pferd einen besseren Takt und schult seine Koordination. Außerdem wird die Mobilität der Gelenke erhöht.

Weil das Pferd nicht sieht, wohin es tritt, hat die Führperson beim Rückwärtstreten eine große Verantwortung und muss das Pferd mit Bedacht lenken.

Über Stangen treten

Sehr einfache, aber äußerst effektvolle Aufgaben sind Übungen, in denen das Pferd über Stangen treten soll. Man beginnt die Lektion mit nur einer einzigen Stange, die am Boden liegt und über die man das Pferd führt. Um Verletzungen an den Beinen zu vermeiden – die Gefahr ist durch anfängliche Ungeschicklichkeit nicht gering – sollte man die Beine des Pferdes mit Gamaschen schützen. Die meisten Verletzungen entstehen durch Anschlagen an die Stangen, aber auch durch Stolpern, wobei Gamaschen einen guten Schutz bieten.

Wird das Pferd über eine am Boden liegende Stange geführt, muss man darauf achten, dass es das Hindernis registriert, also seinen Kopf senkt. Ist das Jungpferd nicht aufmerksam, hält man es vor der Stange an und klopft mit der Gerte auf das Hindernis, um das Interesse des Fohlens zu wecken. Erst wenn es den Kopf gesenkt hat, darf es über die Stange treten.

Wenn die Übung gelingt, legt man zwei bis vier Stangen parallel auf den Boden und fährt auf gleiche Weise fort. Der Stangenabstand muss der Schrittlänge des Pferdes angepasst sein, damit die Aufgabe nicht zu schwierig wird. Idealerweise bleibt der Kopf des Pferdes beim Überschreiten der Stangen gesenkt. Selbst bei mehrmaligen Wiederholungen sollte der Vierbeiner auf die Stangen hinabsehen. Natürlich darf man nicht vergessen, das Pferd ausgiebig zu loben, wenn es sich bemüht hat, die Aufgabe gut zu lösen.

Der gymnastizierende Effekt bei der Übung besteht darin, dass das Pferd seine Beine höher anheben muss als sonst. Die Gelenke werden dadurch stärker gebeugt und mobiler, die Muskulatur wird ebenfalls kräftiger, da sie mehr beansprucht wird. Durch die vorgegebene Schrittlänge aufgrund des Stangenabstands kann die Taktreinheit der Gangart gefördert werden. Noch besser kann man sich die Taktreinheit im Trab erarbeiten. Der Stangenabstand wird auf 80 bis 150 Zentimeter erweitert (je nach Schrittlänge

DAS ZWEIJÄHRIGE PFERD

und Größe des Pferdes). Das Pferd sollte bequem in die Lücken treten können. Vor allem können stark passveranlagte Pferde (häufig bei Trabern und Gangpferderassen) ihre diagonale gleichzeitig auffußende Zweibeinstütze, die für einen taktreinen Trab notwendig ist, auf diese Weise besser finden.

Beim Stangentraining, das später an der Longe oder unter dem Sattel auch im Galopp durchgeführt werden kann, lernen die Pferde auch, ihren Rücken aufzuwölben. Die Beinaktion wird verbessert, womit die Tiere allgemein beweglicher und agiler werden. Dieses Training eignet sich nicht nur für junge Pferde, die an der Hand angelernt werden, sondern auch für gerittene und alte Pferde, um deren Mobilisation zu erhalten und zu steigern.

Das Stangentraining kann intensiviert werden, wenn man die Stangen leicht erhöht. Cavalettis sollte man jedoch erst einsetzen, wenn das Pferd genügend Kondition und Geschicklichkeit aufweist. Wird das Jungpferd müde, ist die Gefahr einer Verletzung durch Stolpern sehr groß. Man wartet deshalb mit der erhöhten Stangen am besten mindestens bis zum Training an der Longe, wobei man eine bessere Kondition aufbauen kann.

Das Labyrinth

Die Geschicklichkeit des Pferdes lässt sich auch trainieren, wenn man es durch eine enge Gasse führt, welche man aus Sprungstangen erstellt. Der Stangenabstand sollte dabei etwa 1 Meter betragen, wobei man ihn je nach Ausbildungsstand und Athletik des Pferdes etwas vergrößern oder verkleinern kann. Das geradlinige Durchführen erfordert keine besonderen Fähigkeiten, deshalb baut man Abzweigungen ein, die von einer leichten Biegung bis zur spitzwinkligen Kurve reichen können. Wird das Pferd um die Ecke geführt, muss es sich in der Körperlängsachse biegen, um die Spur einzuhalten. Dadurch erzielt man einen hervorragenden gymnastizierenden Effekt.

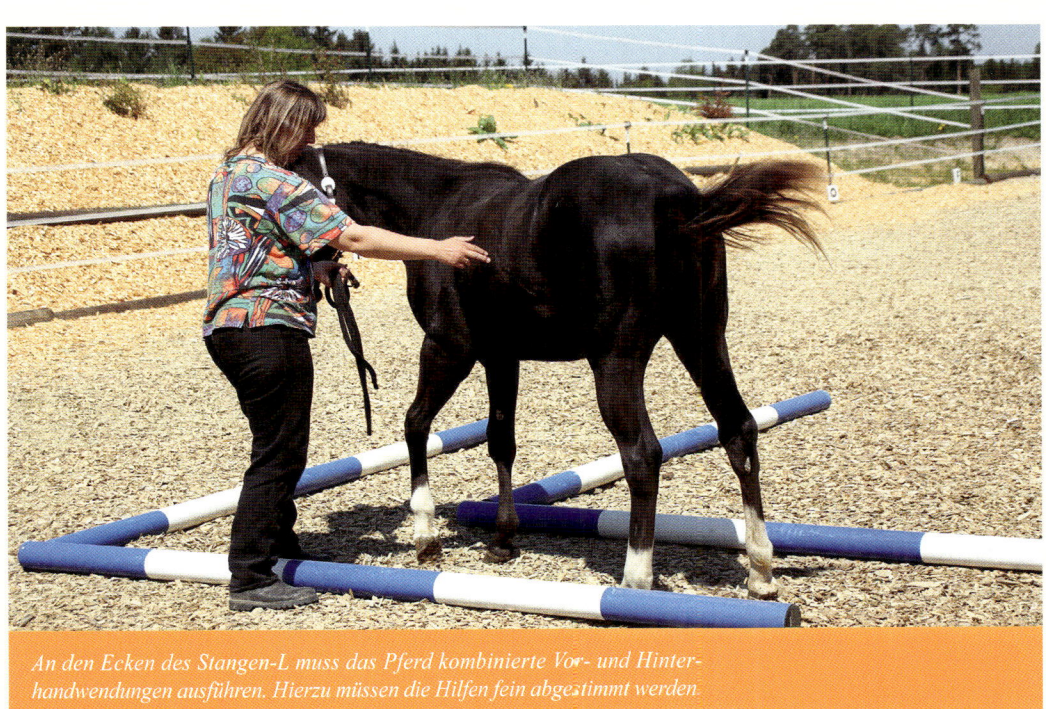

An den Ecken des Stangen-L muss das Pferd kombinierte Vor- und Hinterhandwendungen ausführen. Hierzu müssen die Hilfen fein abgestimmt werden.

Man sollte das Führen übrigens bei allen Lektionen vom Boden aus sowohl von der linken als auch von der rechten Seite üben. Ansonsten wird das Tier zu stark auf eine Seite fixiert, sodass man schon vor dem ersten Aufsitzen ein einseitig ausgebildetes Pferd vor sich hat. Das Führen von rechts ist auch für den Menschen ungewohnt, man sieht also, wie schwierig eine Aufgabe sein kann, wenn sie auf der untrainierten Seite ausgeführt werden soll.

Je aufmerksamer und konzentrationsfähiger ein Pferd mittlerweile ist, desto umfangreicher kann man das Labyrinth aufbauen. Dieses lässt sich nun nicht nur dazu benutzen, das Pferd vorwärts hindurchzuführen, sondern ist ein ideales Trainingsinstrument, um auch das Rückwärtsrichten zwischen den Stangen zu üben. Damit das Pferd die Lust an dieser Übung nicht verliert, sollte die Sequenz zum Rückwärtstreten nicht zu lange sein. Achten muss man darauf, dass das Pferd die seitlichen Stangen nicht berührt. Der Vierbeiner sollte sich ganz auf seine Führperson verlassen können, die ihn sicher durch die Stangen hindurchleitet, denn beim Rückwärtstreten sieht das Pferd nicht, wohin es tritt. Schreitet das Jungpferd nach Aufforderung ohne zu zögern rückwärts, ist dies ein Vertrauensbeweis seiner Führperson gegenüber.

Beginnt der Zweijährige, mit der Hinterhand zu einer Seite auszuweichen, muss man sofort korrigierend eingreifen. Dies geschieht am einfachsten, indem man den Kopf des Pferdes zu der Seite bringt, zu der das Pferd die Hinterhand schiebt. Das Tier ist immer bemüht, sich im Körper gerade zu stellen, und wird die Hinterbeine darum wieder auf die richtige Spur bringen. An den Ecken muss das Pferd Kombinationen von Vor- und Hinterhandwendungen ausführen, um diese schwierigen Passagen zu meistern. Hat das Tier Schwierigkeiten, übt man die separaten Seitwärtsbewegungen von Vor- und Hinterhand zunächst ohne Stangen.

Formen des Seitwärtstretens

Es ist für ein Pferd einfacher, eine Vorhandwendung auszuführen, bei der die Hinterhand um die Vorhand läuft. Der Grund dafür liegt in der vermehrten Gewichtsaufnahme der Vorhand gegenüber der Hinterhand. Die Hinterhand dient als Schubinstrument, die Vorhand hingegen als Stütze. Somit belastet das Pferd in natürlichem Rahmen die Vorhand mit mehr als 50 Prozent seines Körpergewichts, die Hinterhand hingegen hat entsprechend weniger zu tragen. Deshalb ist es einfacher für das Pferd, die Hinterhand um die Vorhand zu bewegen als umgekehrt. Da man als Reiter bestrebt ist, dem Pferd beizubringen, mehr Gewicht auf die Hinterhand zu verlagern, da die Vorhand durch das zusätzliche Reitergewicht zu stark belastet wird, ist es günstiger, im Training sowohl vom Boden als auch vom Sattel aus verstärkt Hinterhandwendungen auszuführen.

Trotzdem beginnt man der Einfachheit halber zunächst mit der Vorhandwendung. Hierzu stellt man den Pferdekopf leicht nach links, wenn das Pferd mit der Hinterhand nach rechts ausweichen soll. Weil der Vierbeiner bestrebt ist, sich immer gerade zu stellen, gelingt die Übung auf diese Weise besser. Jetzt übt man leichten Druck mit dem Finger an der Flankengegend des Pferdes aus, worauf es zur Seite ausweicht. Sobald das Pferd reagiert, muss die Berührung gelöst werden, um ihm anzuzeigen, dass seine Reaktion korrekt war. Nach einigen Wiederholungen genügt oft schon das Heben der Hand oder eine leichte Berührung, damit das Pferd ausweicht. Selbstverständlich übt man die Lektion auf beiden Seiten gleichermaßen. Die Stimmhilfe sollte natürlich auch nicht fehlen und als erste Hilfe eingesetzt werden.

Die Hinterhandwendung führt man auf dieselbe Art durch, nur dass der Druck an der Schulter gegeben wird. Der Kopf des Pferdes soll gegen die Bewegungsrichtung gestellt sein, weil das Tier auf diese Weise mit der Schulter besser ausweichen kann.

Nun lassen sich beide Übungen zu einer reinen Seitwärtsbewegung kombinieren, wobei das Pferd mit den Vorder- und Hinterbeinen gleichzeitig seitwärtstritt. Hierbei bleibt das Pferd im Körper gerade gestellt und somit auch der Kopf. Man gibt den Druck auf Höhe der Schenkellage, um Vorder- und

DAS ZWEIJÄHRIGE PFERD

Einen guten gymnastizierenden Effekt erzielt man, wenn man das Pferd seitwärtstreten lässt. Allerdings sollte man diese Übung nicht übertreiben, da sie viel Konzentration, Koordination und Geschicklichkeit erfordert.

Hinterbeine gleichzeitig in Bewegung zu setzen. Es ist darauf zu achten, dass der Zweijährige mit dem nachfolgenden Beinpaar nach vorne übertritt. Hierzu muss das Pferd lernen, das führende Beinpaar etwas zurückzuversetzen, um Platz für die überkreuzenden Beine zu schaffen. Wenn man zunächst die Vorhand etwas stärker in die Bewegungsrichtung abstellt, gelingt das Überkreuzen nach vorne leichter.

Damit das Pferd nicht versucht, nach vorne wegzulaufen, was es angesichts des ungewohnten und schwierigen Bewegungsablaufs gerne tun würde, stellt man das Tier am besten vor einen Zaun oder eine Wand. Ist das zweijährige Pferd schon sicher in den Seitwärtsbewegungen und kann die Schritte bereits gut koordinieren, kann man die Übung auch über einer Stange fordern. Schließlich ist es nach entsprechendem Training auch schon möglich, das Pferd vom Boden aus seitwärts über eine Stangenkombination treten zu lassen. Diese kann in L-Form, W-Form oder U-Form aufgebaut sein. Jedoch muss man bedenken, dass diese Übungen bereits sehr viel Konzentration, Koordination und Geschicklichkeit verlangen. Deshalb darf man nicht zu lange üben, sondern sollte dem jungen Pferd häufiger eine Pause gönnen. Besonders wenn die Lektion schon sehr gut gelingt, lässt man sich schnell dazu verleiten, immer weiter zu üben. Wird das Pferd müde, lässt die Konzentration nach und es schleichen sich Fehler ein. Bevor dies passiert, sollte man mit einer zufriedenstellenden Übung aufhören und das Pferd auf die Weide schicken.

An den Aufgaben wächst das Pferd

Nach den ersten Lektionen im Fohlen- und Jährlingsalter werden Zweijährige häufig für ein Jahr auf die Weide geschickt, bis sie reif sind zum Anreiten. Wenn man bedenkt, dass gerade diese Zeit enorm wichtig für die Entwicklung eines Pferdes ist, weiß man nun auch, dass man sich diesen Zeitraum für die Erziehung und Ausbildung nicht entgehen lassen sollte. Oftmals sind die zwei- bis dreijährigen Pferde, wenn sie von der Weide kommen, nur schwer zu bändigen. Sie sind quasi wieder verwildert. Es spricht nichts dagegen, das junge Pferd einige Wochen (beispielsweise in Schlechtwetterperioden) pausieren zu lassen, wobei das eigentliche Training unterbrochen wird, doch der Kontakt zum Menschen sollte nie vollständig abreißen. Die Hufe des Pferdes sollten sowieso täglich kontrolliert werden. Damit ist es notwendig, das Tier jeden Tag von der Weide zu holen, die Hufe auszukratzen und das Pferd auf Verletzungen zu untersuchen. Bei der Gelegenheit kann man es auch putzen, streicheln oder spazieren führen. Diese Aktivitäten genügen, wenn man das Training zurückfahren möchte.

In der Trainingspause kann sich das Pferd psychisch entspannen, was ihm sicherlich guttun wird, wenn man intensiv gearbeitet hat. Die meisten Pferde sind aber grundsätzlich unterfordert, da die Besitzer einfach zu wenig Zeit für sie haben. Deshalb sind bewusst eingelegte Trainingspausen norma-

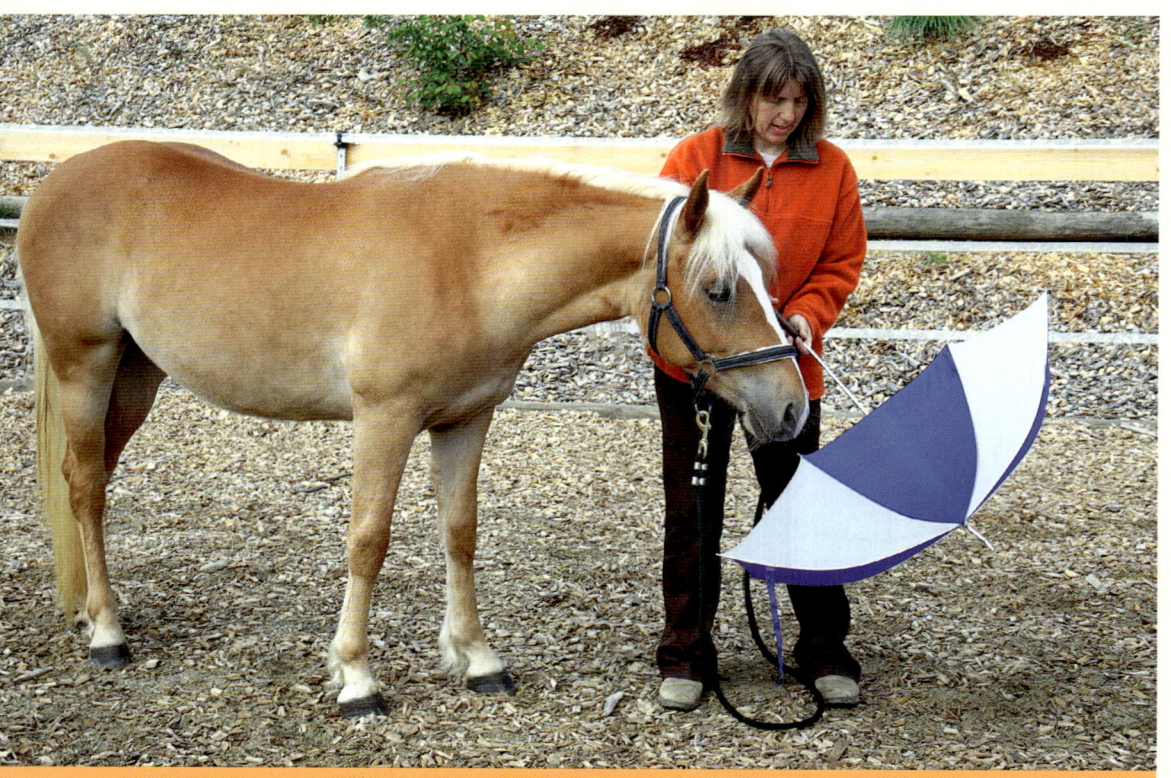

Das Pferd wächst mit seinen Aufgaben.

lerweise gar nicht notwendig. Die Intensität des Trainings richtet sich aber auch nach der psychischen Belastbarkeit des Pferdes. Manche Jungtiere sind schon nach 15 Minuten müde, andere können gar nicht lange genug an den gestellten Aufgaben tüfteln. Das Gefühl des Pferdebesitzers muss hier entscheiden, wann der Zeitpunkt zum Aufhören gekommen ist.

Normalerweise ist es möglich und sogar sinnvoll, sich jeden Tag mit dem Pferd zu beschäftigen. Doch die tägliche Arbeit sollte einen gewissen Zeitrahmen nicht überschreiten. Es ist besser, täglich insgesamt 20 Minuten zu arbeiten als jede Woche zwei Stunden am Stück. Für diese 20 Minuten sollte man eine Dreiviertelstunde einplanen, damit man nicht unter Stress gerät und in aller Ruhe mit dem Pferd arbeiten kann. Dann macht es auch Spaß und das Ergebnis wird zufriedenstellend ausfallen.

> **Lieber arbeitet man täglich 20 Minuten als einmal in der Woche zwei Stunden am Stück.**

Eine gute Trainingsatmosphäre steigert mitunter auch die Leistungsfähigkeit des Pferdes. Manche Vierbeiner sind so ehrgeizig und interessiert an der Sache, dass es schwer ist, früh genug aufzuhören. Im Handumdrehen ist eine halbe Stunde verstrichen, aber man kann mit einem guten Gefühl Schluss machen und sich schon auf den nächsten Tag freuen.

Handpferdetraining ausbauen

Die Beschäftigungsmöglichkeiten mit Zweijährigen sind so vielschichtig, dass man keine Angst haben muss, dass Langeweile aufkommen könnte. Sicherlich wird sich mittlerweile eine gute Beziehung zwischen dem jungen Pferd und seinem Besitzer eingestellt haben und so mancher wird es kaum erwarten können, das junge Pferd nun endlich unter den Sattel zu nehmen. Doch etwas muss man sich noch gedulden, schließlich will man das Pferd nicht überfordern. Außerdem soll der Vierbeiner gut vorbereitet sein, wenn der große Tag gekommen ist.

Eine sehr gute Vorbereitung des zweijährigen Pferdes ist nach wie vor das Handpferdereiten, das man nicht vernachlässigen sollte, wenn man neben dem Jungtier ein Reitpferd zur Verfügung hat. Das gut ausgebildete Reitpferd muss einhändig zu reiten sein, damit man mit der anderen Hand auf das junge mitlaufende Pferd einwirken kann. Hier hat man mit gut (!) western-ausgebildeten Pferden sicherlich Vorteile, weil dem fortgeschrittenen Westernpferd das Neck reining beigebracht worden ist. Dabei handelt es sich um das Weichen des Pferdes auf Zügeldruck am Pferdehals, womit das einhändige Reiten erst möglich wird. Das Neck Reining hat aber nichts mit dem Herumzerren des Pferdekopfes zu tun, das man leider immer wieder sieht.

Mit einem guten Führpferd, das auch hervorragend auf Stimmkommandos reagiert, kann man das Handpferdereiten vervollkommnen. Je erfahrener und souveräner das Führpferd ist, desto einfacher ist die Ausbildung des Handpferdes. Das Vertrauen des jungen Pferdes ist größer, da es sich am älteren Artgenossen orientieren kann. Diesen Umstand nutzt man aus.

Man gewöhnt es sich an, die verbale Aufforderung zum Tempo- oder Gangartenwechsel stets deutlich zu geben. Diese stimmlichen Instruktionen kennt das Jungpferd nun auch schon von der Bodenarbeit her. Da auch das Reitpferd auf diese Befehle reagiert, werden die Worte in Verbindung mit der korrekten Reaktion automatisiert. Somit lernt das Handpferd die Kommandos nun auch schon im Gelände kennen und wird – obwohl es nicht so aufmerksam und konzentriert ist wie auf dem heimatlichen Reitplatz – lernen, auf die Stimme zu gehorchen.

Nachhelfen muss man wohl hin und wieder doch noch, indem man mit der freien Hand am Führstrick zupft. Das Jungpferd sollte lernen, auf Kniehöhe des Reiters zu laufen, womit es am besten kontrollierbar ist. In manchen Situationen ist es aber notwendig, dass das Handpferd dem Führpferd nachfolgt. Muss man eine Engstelle passieren – beispielsweise wenn

Das Handpferdereiten ist nach wie vor eine gute Ausbildungsmöglichkeit für junge Pferde. Es setzt jedoch ein hervorragend ausgebildetes Führpferd voraus.

andere Reiter oder Spaziergänger auf einem zweispurigen Feldweg entgegenkommen –, dann sollten die Pferde hintereinander gehen, um Komplikationen zu vermeiden.

Jetzt ist es sehr praktisch, wenn man eine Hand für die Kontrolle des jungen Pferdes frei hat. Soll sich der Zweijährige hinter dem Reitpferd einordnen, ist ein weiteres Stimmkommando hierfür zweckmäßig. Wird der Weg eng, erkennt das junge Pferd auch von selbst die Notwendigkeit, Platz zu schaffen. Nach der Engstelle wird das Pferd wieder nach vorne geholt, wobei man ebenfalls die Stimme sowie den Führstrick benutzt. Man sollte möglichst darauf verzichten, am Führstrick zu ziehen, weil das Pferd als logische Reaktion lernt dagegenzuziehen. Vielmehr muss der Impuls mit dem Führstrick stets ruckartig erfolgen. Mit etwas Übung ist dies leicht zu bewerkstelligen.

Damit das Handpferd stets aufmerksam und für die Anweisungen des Reiters sensibel bleibt, lässt man das Pferd – auch wenn nicht die Notwendigkeit besteht – einmal vorne direkt neben dem Reitpferd und manchmal hinter dem Reitpferd marschieren. Man muss aber aufpassen, dass das Jungpferd nicht versucht, sich quasi an den Schweif des Reitpferdes zu hängen, was unsichere Pferde gerne tun. Diese Tiere sind später auch nicht vom Schweif des Vorderpferdes wegzubewegen. Für den Reiter ist das sehr unangenehm, weil das Pferd unzureichend kontrollierbar ist und sich auf diese Weise zu einem handfesten Kleber entwickelt.

Selbstständigkeit ist deshalb auch beim Handpferdereiten gefragt. Man erreicht sie in erster Linie durch das Vorausschicken des Handpferdes. Dabei läuft das Pferd gleichauf zum Reitpferd, was man aber nur Pferden gestatten sollte, die sich gut vertragen, und einem Handpferd, das sich schon sehr gut

DAS ZWEIJÄHRIGE PFERD

kontrollieren lässt. In den Gangarten Schritt und Trab gibt es auch beim Vorausschicken des Handpferdes normalerweise keine großen Probleme. Beim Galoppieren jedoch sollte das Handpferd schon aus Sicherheitsgründen stets mit dem Kopf neben dem Reiterknie laufen.

Da das Handpferd in dieser Phase nun auch schon das Kommando für das Angaloppieren kennenlernt (was vom Boden aus bislang nicht möglich war), sind dem Pferd nun alle notwendigen verbalen Anweisungen für die Basisausbildung unter dem Sattel bekannt.

Die Möglichkeit, das Jungpferd bereits im Trab und im Galopp im Gelände zu bewegen, steigert in erster Linie dessen Kondition. Man fördert hiermit den Muskelaufbau und festigt durch mäßiges Training die Sehnen und Bänder. Durch vermehrtes Geradeauslaufen, hauptsächlich im Gelände, findet das Pferd außerdem seine Balance und seinen Takt. Es ist aber darauf zu achten, dass man das Pferd in den Gangarten möglichst nicht mit dem Führstrick am Kopf stört. Der Führstrick sollte deshalb lang genug sein, damit das Pferd seinen Kopf in der natürlichen Haltung tragen kann.

Zirkuslektionen

Nun ist das Pferd in einem Alter, in dem man ihm schon spielerisch einige Kunststückchen beibringen kann, um die geistige Flexibilität zu steigern und die Beziehung zwischen Mensch und Tier zu fördern. Es gibt viele Übungen in dieser Sparte und der Fantasie sind kaum Grenzen gesetzt, dennoch muss man gezielt auswählen, welche Übungen Sinn machen und welche nicht.

Zirkuslektionen fördern die geistige Flexibilität. Es sollten aber nur Übungen gewählt werden, die einen gymnastischen Wert haben, wie beispielsweise das Verbeugen, welches die Araberstute „Silver Diamond" allein auf Stimmkommando ausführt.

Zu Beginn der Podestarbeit sollte das Pferd nur die Vorderbeine aufs Podest stellen.

Zirkuslektionen und Kunststücke erhöhen die geistige Flexibilität des Pferdes und fördern die Beziehung zwischen Mensch und Tier.

Es besteht die Gefahr, dem Pferd sogar zu Untugenden zu verhelfen, wenn man sich für die falschen Aufgaben entscheidet. Darauf wurde schon in einem früheren Kapitel zur Ausbildung des Jährlings hingewiesen, trotzdem soll es noch mal ins Gedächtnis gerufen werden. Es ist einfach, dem Pferd beispielsweise

DAS ZWEIJÄHRIGE PFERD

das Steigen beizubringen, doch diese Übung macht für ein zukünftiges Freizeitreitpferd keinen Sinn. Vielmehr lernt das Pferd ein Mittel, wie es sich auflehnen und wehren kann, was für den Reiter letztendlich lebensgefährlich sein kann. Verliert ein steigendes Pferd die Balance und überschlägt sich nach hinten, hat man als Reiter sehr schlechte Karten, hier heil davonzukommen.

Das Scharren mit den Hufen ist auch mit Vorsicht zu genießen, weil die Tiere auf diese Weise sehr schnell das Betteln lernen. Dabei können sie sich die Zehen abwetzen oder auch lernen, mit den Vorderbeinen zu schlagen. Die Übungen der Wahl sind deshalb Aufgaben, die die geistige Flexibilität steigern sowie Lektionen mit gymnastischem Wert.

Eine einfache Übung, die in diese Kategorie fällt, ist das Verbeugen, wobei das Pferd auf Kommando seinen Kopf zwischen die Vorderbeine stecken soll. Damit wird die Rückenlinie des Pferdes gedehnt. Dies ist eine sehr gute Übung sowohl für Jungpferde als auch für ältere Reitpferde.

Damit das Pferd weiß, was von ihm verlangt wird, reicht man dem Youngster ausnahmsweise ein Leckerli zwischen den Vorderbeinen und führt die Hand immer weiter nach hinten. Die Übung wird freilich mit dem dafür vorgesehenen Stimmkommando verbunden. Somit wird nach kurzer Zeit die Übung allein aufgrund der verbalen Aufforderung abrufbar sein (Das Training erfolgt somit nach demselben Prinzip wie das Antreten, Anhalten und Rückwärtsrichten).

Man kann nach erfolgter Übung noch einige Male eine Leckerei zur Belohnung verabreichen, wobei man jetzt die Belohnung nicht mehr unter

Bei der Arbeit am Podest wird die Rückenlinie gut gedehnt.

Eine ideale Übung ist der Spanische Schritt, der später auch unter dem Sattel abgerufen werden kann, wie es hier die Autorin auf dem Friesenhengst „Pollux" zeigt.

dem Pferdebauch, sondern nach abgeschlossener Übung verabreicht. Das bereits gut geschulte Pferd muss sich in Zukunft aber mit lobenden Worten zufriedengeben. Man will ja erreichen, dass die Pferde die Übung aus Gehorsam durchführen und nicht aufgrund einer Bestechung durch das Verabreichen von Futter.

Eine gute Gleichgewichtsübung, welche ebenfalls das Nacken- und Rückenband dehnt, ist die sogenannte „Bergziege". Hierbei stellt das Pferd die Vorder- und Hinterbeine weit unter den Körper, sodass das es sein Gewicht auf eine möglichst kleine Fläche verteilt ausbalancieren muss. Hierzu tippt man jeweils ein Bein mit der Gerte an. Das Pferd soll zunächst lernen, auf das Antippen mit der Gerte das Bein zu heben. Jetzt hilft man dem Tier, das Bein immer einige Zentimeter weiter unter seinem Körper aufzusetzen, bis alle vier Beine nahe genug beisammenstehen. Diese Übung ist ein Geduldsspiel und sollte anfangs nicht übertrieben werden.

Es ist auch eine Möglichkeit, die Bergziege mit Hilfe eines Podestes zu üben. Hierbei benötigt man ein Zirkuspodest mit einem Durchmesser von etwa 80 bis 120 Zentimetern. Zunächst soll das Pferd nur mit den Vorderbeinen auf dem Podest stehen lernen. Auch hier benötigt es sicherlich anfangs eine Hilfe, welche daraus besteht, dass man dem Pferd ein Vorderbein anhebt und den Huf auf das Podest stellt. Jetzt soll das Pferd das zweite Vorderbein nachsetzen, wozu man es auffordert, einen Schritt vorwärts zu gehen. Dies verstehen die meisten Pferde recht schnell.

Schon dies stellt eine gute Möglichkeit dar, die Rückenlinie zu strecken. Nachdem das Erklettern des Podestes mit den Vorderbeinen zur Routine geworden ist, verfährt man mit den Hinterbeinen wie zuvor mit den Vorderbeinen. Man hebt ein Bein hoch und stellt es auf das Podest. Nun veranlasst man das Pferd, dieses Hinterbein zu belasten, wobei es das letzte noch am Boden befindliche Bein nachziehen wird. Da diese Stellung anfangs für das Pferd noch sehr schwierig ist, wird es sicherlich versuchen, mit den Vorderbeinen das Podest wieder zu verlassen. Doch mit viel Geduld und einigen Übungseinheiten wird es schließlich gelingen.

Bei der Arbeit am Podest sollte man die Pferdebeine in jedem Fall mit Gamaschen schützen, damit sich das Tier am Podest nicht verletzen kann. Steht das Pferd mit den Vorderbeinen auf dem Podest, kann man nun auch eine Vorhandwendung fordern, die nicht so einfach ist wie vom Boden aus, weil das Pferd jetzt sein Gewicht vermehrt auf der Hinterhand trägt, die sich zusätzlich noch bewegen soll. Die umgekehrte Möglichkeit, eine Hinterhandwendung bei hochgestellter Hinterhand auszuführen, ist nicht empfehlenswert, weil hierbei der Rücken durchgedrückt wird und das Gewicht stark auf der Vorhand lastet.

Eine gymnastizierende Übung ist beispielsweise auch der Spanische Schritt, bei dem das Pferd während der Vorwärtsbewegung abwechselnd die Vorderbeine weit vorstreckt. Damit erreicht man eine bessere Schulterbeweglichkeit. Da die Vorhand nur über Muskeln und Sehnen mit dem Hauptskelett verbunden ist, bedeutet eine mobile Vorhand zugleich auch, dass die Muskulatur locker ist. Eine lockere oder eben verspannte Muskulatur setzt sich jeweils für gewöhnlich im gesamten Körper fort, sodass eine lockere Vorhand auch einen entspannten Rücken und eine bewegliche Hinterhand zur Folge hat.

Wie erlernt das Pferd nun den Spanischen Schritt? Der Zweijährige sollte bereits gelernt haben, auf Touchieren mit der Gerte das Bein anzuheben. Jetzt wird er im Schritt geführt, wobei man in dem Moment mit der Gerte touchiert, wenn das betreffende Vorderbein im Begriff ist, vom Boden abzuheben. Führt das Pferd diesen Schritt betont aus, muss es gelobt werden. Aus diesem „etwas höher Anheben" wird im Laufe der Zeit schließlich der Spanische Schritt, bei dem das Vorderbein bis zur Waagerechten und sogar darüber hinaus gestreckt wird.

DIE „EINSCHULUNG" MIT DREI JAHREN

Die Leistungsfähigkeit des jungen Pferdes

Es scheiden sich immer wieder die Geister, in welchem Alter dem Pferd welche Aufgaben zugemutet werden können. Da werden eineinhalbjährige Fohlen bereits angeritten, um sie zweijährig schon im ersten Rennen zu starten. Andere werden mit zwei Jahren unter den Sattel genommen, damit der Turnierstart mit drei Jahren erfolgen kann. Ist dieser frühe Einsatz des Pferdes in Ordnung?

Grundsätzlich kann man kein pauschales Urteil fällen, weil die Voraussetzungen immer verschieden sind. Die Belastungen in den Reitsportdisziplinen sind zum einen sehr unterschiedlich, zum anderen hängen sie auch von der Art des Trainings ab.

Der Züchter und professionelle Pferdetrainer wird sicherlich an die Leistungsgrenze des jungen Pferdes gehen, da er den Aufwand von Geld und Arbeit zum Resultat möglichst optimieren möchte. Der Profi muss wirtschaftlich denken: Je früher das Pferd einsatzfähig ist, desto eher bringt das Tier die Investition wieder zurück. Sei es, dass das Pferd auf dem Turnier Siege erringt oder als Zuchtpferd guten Nachwuchs bringt, je früher das eingesetzte Geld zurückfließt, desto eher bringt das Pferd Gewinn.

Und welcher Trainer oder Züchter möchte nicht so viel Geld wie möglich verdienen? Auch die zum Verkauf stehenden Pferde möchte der Züchter oder Trainer deshalb möglichst bald in bare Münze umsetzen, um Futterkosten, Platz und Arbeit zu sparen. Stehen wirtschaftliche Interessen im Vordergrund, müssen moralische Aspekte oft zurückstehen. Dies ist selbstverständlich auch im Pferdegeschäft an der Tagesordnung.

Es ist deshalb auch nicht immer ratsam, die Trainings-, Haltungs- oder Aufzuchtmethoden von professionellen Pferdeleuten nachzuahmen. Gerade der Freizeitreiter, der nicht wirtschaftlich denken und vom Pferdegeschäft leben muss, kann es sich leisten, das Risiko des Verschleißes und der Unbrauchbarkeit seines Pferdes durch zu frühen Einsatz auszuschalten. Er hat die Zeit, etwas länger zu warten und dem Pferd mehr Zeit zu geben, bis er seinem Tier größere Leistungen abverlangt. Wer aus Ungeduld nicht warten kann oder aus Unwissenheit ein junges Pferd zu früh ins belastende Training nimmt, riskiert vorzeitige Gesundheitsschäden und somit ein kürzeres Pferdeleben.

Die Altersangaben, wann man mit einem jungen Pferd welche Lektionen machen kann, können jeweils nur Anhaltspunkte sein, da die Entwicklung des Pferdes nicht nur rassebedingt, sondern auch innerhalb einer Rasse sehr unterschiedlich sein kann. Allgemein gilt zwar die Regel, dass man Pferde im Alter von drei Jahren einreiten soll, doch ist dieser Zeitpunkt als sehr vage anzusehen. Für die meisten Pferde ist auch dieser Zeitpunkt noch zu früh. Es kommt auf den jeweiligen Entwicklungsstand an, der erstaunlicherweise selten rasseabhängig ist, aber dennoch bei jedem Pferd anders ist. Isländer werden beispielsweise frühestens mit vier oder fünf Jahren eingeritten, während Vollblüter schon mit zwei Jahren unter den Sattel genommen werden. Diese Praxis ist aber keineswegs immer sinnvoll, da mehrere Faktoren eine Rolle spielen, ab wann man mit einem Pferd unter dem Sattel arbeiten kann.

Im Wachstum befindliche Pferde sind vom Gebäude her nur sehr schwer zu beurteilen. Dieses drei Monate alte Quarter Horse-Hengstfohlen ist mittlerweile hinten stark überbaut.

DIE „EINSCHULUNG" MIT DREI JAHREN

Ein harmonisches Wachstum ist bei Jungpferden selten.

Die Gebäudebeurteilung

Um die Leistungsfähigkeit einschätzen zu können, kann die Beurteilung des Gebäudes eine große Hilfe sein. Eine alte Züchterregel besagt, dass man ein Pferd mit drei Tagen und dann erst wieder mit drei Jahren beurteilen soll. Der Grund liegt darin, dass die Pferde in ihrer Entwicklungs- und Wachstumsphase sehr unterschiedlich wachsen. Einjährige Pferde sind deshalb häufig überbaut (sie wachsen vorne und hinten abwechselnd). Im Wachstum befindliche Pferde sind meistens unharmonisch gebaut, haben einen zu kleinen oder zu großen Kopf im Vergleich zum restlichen Körper, zu lange Beine, einen zu kurzen Hals und eine höchst unterschiedliche Bemuskelung. Mit etwa drei Jahren ist das extreme Wachstum großteils abgeschlossen, das Pferd wird an Größe nur noch wenige Zentimeter zulegen. Das ist die Regel, dennoch können Pferde bis zu ihrem zehnten Lebensjahr im Stockmaß wachsen. Das hat mit den Knorpelkappen der Dornfortsätze zu tun, die noch zunehmen können. Das eigentliche Größenwachstum jedoch ist aber schon abgeschlossen.

Trotz der teils unharmonischen Wachstumsschübe kann man junge Pferde dennoch auch mit einem oder zwei Jahren einer Exterieurbeurteilung unterziehen. Hierzu gehört aber eine Menge Erfahrung, denn oft lässt man sich von unwichtigen Punkten ablenken. Die Winkelung der Gelenke beispielsweise wird sich nicht mehr ändern, sie ist eine Erbanlage, die sich auch im Wachstum nicht verändert. Somit sind züchterische Beurteilungen durchaus auch im Jährlingsalter möglich.

In den ersten drei Jahren wachsen Pferde am meisten, sodass die Belastung des Rückens durch den Reiter in dieser Zeit selbstverständlich tabu ist. Die Vierbeiner benötigen ihre Kraft für das Wachstum und jede Überlastung kann zu dauerhaften Schäden führen.

Bei ausgewachsenen Pferden wie bei diesem Quarter Horse-Hengst kann das Exterieur besser beurteilt werden als bei im Wachstum befindlichen Jungpferden.

Schon beim jungen Pferd gibt das Exterieur Aufschluss über die Leistungsfähigkeit des Pferdes, wenn es ausgewachsen ist. Der erste Blick fällt auf das Format, welches sich quadratisch oder auch rechteckig darstellen kann. Kurzrückige, quadratische Pferde haben weniger Schwierigkeiten, sich selbst zu tragen und ihr Gewicht auf die Hinterhand zu verlagern, dafür haben sie häufiger Probleme, sich lateral zu biegen. Das langrückige Pferd bringt sein Gesamtgewicht deutlicher auf die Vorhand. Man muss in der Ausbildung und beim späteren Einsatz des Pferdes deshalb darauf achten, dass diese Pferde vermehrt in Versammlungshaltung geritten werden, um Überlastungserscheinungen der Vorhand zu vermeiden.

Die Winkelung der Gelenke nimmt man als Nächstes in Augenschein. Eine größere Beweglichkeit versprechen flache Winkelungen von Schulter, Fessel und Becken. Die Fesselwinkelung sollte mit der von Schulter beziehungsweise Becken identisch sein. Eine flache oder schräge Winkelung bringt meist weichere Gänge hervor, weil das Pferd den Schwung besser abfedern kann. Bei größerer Schonung der Gelenke werden hierbei jedoch die Sehnen einer stärkeren Belastung ausgesetzt. Bei einer steilen Winkelung von Schulter- und Beckengliedmaßen muss man sich auf härtere Gangarten einstellen, zudem eine größere Gelenks-, aber geringere Sehnenbelastung. Wünschenswert ist deshalb immer der berühmte goldene Mittelweg, obwohl man sich aus reiterlicher Sicht eher eine geringe Gelenkswinkelung, die eine flache Schulter und ein schräg gestelltes Becken ergibt, wünscht. Grundsätzlich ist jedes Extrem negativ zu beurteilen. Mit einem insgesamt harmonischen Gebäude kann man hingegen sehr zufrieden sein.

Ungleiche Winkelungen von Vor- und Hinterhand sind ebenfalls unvorteilhaft. Das Pferd wirkt dadurch

DIE „EINSCHULUNG" MIT DREI JAHREN

nicht nur optisch unharmonisch, sondern wird auch mit taktreinen Bewegungen Probleme haben. Vor allem kann das Pferd den Bewegungsradius des flacher gestellten Beinpaares aufgrund der eingeschränkten Beweglichkeit des anderen Beinpaares nicht ausnutzen.

Große Hufe vermögen das Gewicht besser aufzufangen, weil es sich auf eine größere Fläche verteilt. Sie unterstützen deshalb die Balance des Pferdes. Der Beinstellung muss große Beachtung geschenkt werden, weil sie die Leistungsfähigkeit des Pferdes nicht unerheblich beeinflusst. Jede Fehlstellung bringt eine einseitige und somit höhere Belastung der jeweiligen Gelenke mit sich. Meist wachsen dann auch die Hufe mehr oder weniger schief. Die Seite, auf der der Huf steiler gestellt ist, ist dabei stärker belastet.

Das Exterieur trägt entscheidend dazu bei, für welchen Zweck das Pferd sich eignet. Je spezieller und hochklassiger der Einsatzbereich ist (Rennen, Hochleistungsturniersport usw.), desto höhere Ansprüche muss man an das Gebäude stellen. Bei Freizeitpferden ist man mit einem günstigen Exterieur selbstverständlich ebenfalls besser bedient, doch kann das Pferd so manchen Gebäudemangel gut kompensieren, wenn man die Mängel bei Einsatz und Training berücksichtigt. Da die Erwartungshaltung der Leistungsfähigkeit des Pferdes bei einem Freizeitpferd geringer ist, wirken sich Gebäudemängel weniger stark aus. Man muss aber wissen, dass derartige Mängel die Leistungsfähigkeit grundsätzlich beeinträchtigen, worauf man auch schon beim Einreiten Rücksicht nehmen muss.

Früh- und Spätreife

Der Zeitpunkt, ab wann mit einem Pferd unter dem Sattel gearbeitet werden kann, wird immer wieder diskutiert. Viele ziehen die Rasse als Beurteilungskriterium heran, ab wann ein Pferd eingeritten werden kann. Es ist richtig, dass das Altern und somit die Leistungsfähigkeit eines Pferdes von den Genen abhängig ist und somit auch rassebedingt sein kann. Denn es gibt Pferde, die mit 15 Jahren schon recht alt aussehen, während man anderen mit 25 Jahren ihr Alter nicht ansieht. Während einesteils die Rasse als genetische Basis für die Beurteilung der Reife herangezogen wird, haben auch Fütterung und Haltungsbedingungen nicht unerheblichen Einfluss auf die Entwicklung des Pferdes. Dennoch kann die Einschätzung der Leistungsfähigkeit und somit der Einsatz des Pferdes als Reitpferd nur relativ sein. Mit einer gesunden Aufzucht und Ernährung kann man Pferde durchaus länger leistungsfähig halten, was aber nicht die genetische Programmierung des Alterns an sich ausschalten kann. Somit lässt sich das Leben eines Pferdes nicht unbedingt über die Fütterung und den moderaten Leistungseinsatz verlängern, eine falsche Behandlung, Fütterung und ein falscher sportlicher Verwendungszweck hingegen können das Pferdeleben drastisch verkürzen.

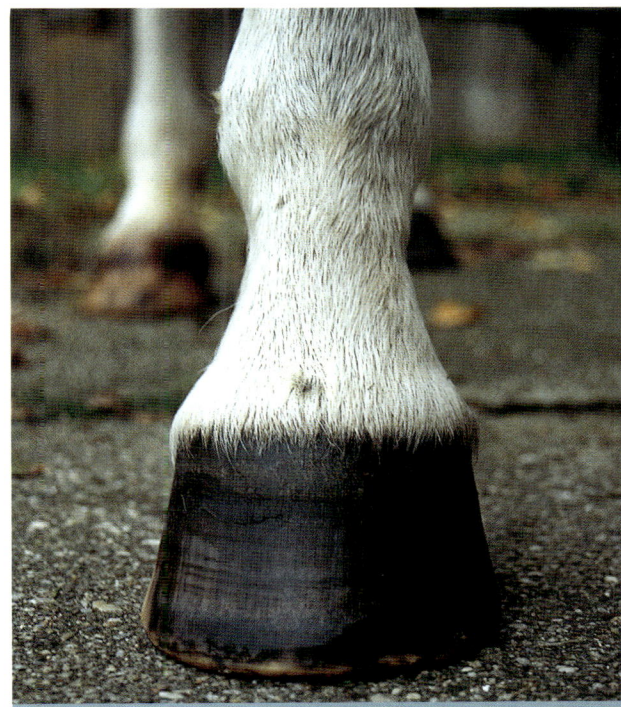

Die Hufstellung sollte man genau in Augenschein nehmen. Die steilere Seite des Hufs (hier vom Betrachter aus links) wird stärker belastet.

Der Reifegrad unterschiedlicher Pferderassen variiert nur minimal.

Die Züchter sind bemüht, über eine gezielte Selektion immer leistungsfähigere Pferde zu produzieren. Pferde, die einem frühen Leistungseinsatz nicht standhalten, werden ausgemustert. Nur diejenigen, die die Anforderungen erfüllen und die ersten Plätze bei sportlichen Veranstaltungen belegen, werden in der Zucht verwendet. So zumindest die Theorie. Wie häufig aber gehen Sportpferde aufgrund von Verletzungen und frühem „Verbrauch" in die Zucht! Und schließlich wählt der Hobbyzüchter seine eigene, liebgewonnene Stute, um aus ihr ein Fohlen zu ziehen, auch wenn die Stute keine Leistungsmerkmale aufweisen kann. Der dazugehörige Hengst steht dann auch noch im Nachbardorf, und wird auserwählt, weil die Decktaxe gering und der unmittelbare Standort des Hengstes praktisch ist. Hier kann nicht mehr von Zucht, sondern lediglich von Pferdevermehrung die Rede sein.

Seriöse Züchter sind durchaus gewillt, frühreife Pferde zu züchten, um einen schnelleren Absatz der Pferde und einen frühen sportlichen Einsatz zu erreichen, der sich in barer Münze auszahlt. Die Reife eines Pferdes wird dabei an verschiedenen Parametern festgemacht: Widerristhöhe, Brustumfang, Röhrbeinumfang, Körpergewicht und nicht zuletzt der Schluss der Wachstumsfugen. Untersuchungen haben aber gezeigt, dass die Unterschiede dieser Parameter zwischen den Rassen sehr gering ausfallen und dieselben Abweichungen auch innerhalb eine Rasse auftauchen. Die Unterschiede können zum einen auf genetische Dispositionen gewisser Linien zurückzuführen sein, aber auch auf die Haltungs- und Fütterungsbedingungen.

Die wichtigste Erkenntnis aus den Untersuchungen ist jedoch, dass man keinen Unterschied zwischen den sogenannten frühreifen und spätreifen

DIE „EINSCHULUNG" MIT DREI JAHREN

Rassen feststellen konnte. Das bedeutet letztendlich, dass es keine früh- und spätreifen Rassen gibt. Hinweise darauf geben auch die Untersuchungen über den Schluss der Epiphysenfugen, die mit einigen Schwankungen bei allen Pferden – egal, welcher Rasse sie angehören – identisch ist.

Diese These wird auch dadurch unterstützt, dass man bei weiteren Untersuchungen festgestellt hat, dass die Ausfallquote aufgrund von Lahmheiten von zweijährigen Rennpferden um etwa 10 Prozent höher liegt als die von älteren Rennpferden. Die Ursachen liegen eindeutig in der Unreife der jungen Pferde, die für die geforderten Leistungen noch nicht stabil genug sind.

Die Epiphysenfugen als Beurteilungskriterium

Die Wachstums- oder Epiphysenfugen werden als Beurteilungskriterium für die Belastbarkeit eines Pferdes herangezogen. Die Epiphysen sind knorpelige Zwischenstücke im Knochen, die zwischen dem Endstück des Knochens, der sogenannten Epiphyse, und dem Mittelstück, welches als Diaphyse bezeichnet wird, liegen. Diese Wachstumsfugen bestehen aus hyalinem Knorpel und verknöchern, wenn das Längenwachstum des Knochens abgeschlossen ist. Dieser Zeitpunkt ist bei jeder Knochenstruktur unterschiedlich. So schließen sich beispielsweise die proximalen Epiphysenfugen des Hufbeins bereits vor der Geburt, die distale Wachstumsfuge des Schulterblatts mit etwa 20 Monaten. Für die Beurteilung der Belastungsfähigkeit eines Pferdes müssen allerdings Knochen herangezogen werden, die erstens einer entsprechenden Belastung beim reiterlichen Einsatz ausgesetzt sind und zweitens als Letztes ihr Wachstum abschließen. Denn eine Kette ist nur so stark wie ihr schwächstes Glied!

Wissenschaftler haben festgestellt, dass sich beispielsweise die proximale Wachstumsfuge der Fibula (Wadenbein) erst im Alter von 42 Monaten schließt, ebenso die Epiphysenfugen des Oberschenkels. Diese Knochen müssen durchaus eine große Last tragen, sodass das Einreiten von Pferden erst nach Schluss der Epiphysenfuge dieser Knochen, also mit dreieinhalb Jahren, vertretbar ist. Die Wirbelkörper des Kreuzbeins sind beim Pferd aber erst mit vier bis fünf (!) Jahren zusammengewachsen und ergeben erst dann ein stabiles Gebilde. Mit diesem Wissen setzt sich kein verantwortungsvoller Pferdebesitzer auf ein zweijähriges Pferd.

Wer also sichergehen will, beginnt das Einreiten seines Pferdes im Alter von vier Jahren. Sollen Pferde früher eingeritten werden, ist es notwendig, per Röntgenaufnahme zu überprüfen, ob die Wachstumsfugen schon geschlossen sind.

Mit Schluss der Epiphysenfuge ist das Längenwachstum eines Knochens abgeschlossen. Dennoch können Pferde bis zu einem Alter von zehn Jahren noch an Widerristhöhe zunehmen. Die Ursache liegt an den Knorpelkappen der Dornfortsätze der Brustwirbel, die sich auch noch später weiter ausbilden. Deshalb ist es besonders wichtig, die Passform des Sattels im Abstand von einigen Monaten regelmäßig zu überprüfen, weil sich dadurch die Rückenform des Pferdes verändert. Selbstverständlich beeinflusst auch der Muskelaufbau die Rückenform stetig, was eine laufende Überprüfung des Sattels und gegebenenfalls Neuanpassung notwendig macht.

Systematischer Muskelaufbau

Wenn sichergestellt ist, dass das Pferd sein Wachstum abgeschlossen und seine uneingeschränkte Leistungsfähigkeit erreicht hat, wird man es nun nicht von einem Tag auf den anderen zu hartem Training heranziehen. Auch damit würde man dem Pferd nur schaden. Jedes Training muss systematisch aufgebaut und langsam gesteigert werden. Das junge Pferd soll nun durch das folgende Training auf die psychischen, aber auch auf die körperlichen Anforderungen vorbereitet werden.

Dem Pferd werden durch die Nutzung als Reit- oder Fahrpferd ohne Zweifel unnatürliche Leistungen abgefordert. Dies bedeutet unweigerlich eine Überforderung des Organismus, wenn dieser nicht fachgerecht auf diese Leistungsanforderung vorbereitet wird. Vor allem Reitpferde müssen mit dem Reitergewicht auf ihrem Rücken zurechtkommen und dieses zu kompensieren wissen, was einen gezielten Muskelaufbau im Rückenbereich erforderlich macht. Jegliche unnatürliche Belastung kann das Pferd nur verkraften, wenn es Reserven bereitstellen kann, welche die von der Natur nicht vorgesehenen Belastungen (und somit Überlastungen) kompensieren. Deshalb ist es so wichtig, dass das Pferd gesund erhalten und fachkundig trainiert wird.

Round Pen- und Longenarbeit

In aller Regel beginnt man das eigentliche körperliche Training des jungen Pferdes mit dem Anlongieren, wenn das Pferd nicht zuvor schon seine Kreislauf- und Lungenfunktion als Handpferd trainieren konnte. Bei der Longenarbeit können die Kondition gesteigert und die Muskulatur aufgebaut werden. Weitere Ziele des Longentrainings sind die Findung der Balance, der Taktreinheit und die Weiterentwicklung der Gänge. Hierzu ist es jedoch notwendig, das Handwerk des Longierens fachgerecht zu beherrschen und nicht nur das Pferd im Kreis laufen zu lassen. Falsche Longiertechniken können dem Pferd mehr schaden als nützen.

Die Ziele der Longenarbeit können in einem Round Pen oftmals noch besser erreicht werden. Die Longenarbeit hat aber nicht nur Vorteile, sondern auch Schwachpunkte, die es zu berücksichtigen gilt. Insbesondere ist die Gelenksbelastung auf der Zirkellinie zu beachten, die ein längeres Training als 30 Minuten verbietet.

Der erste Schritt für eine sinnvolle Longenarbeit ist die Verwendung der richtigen Ausrüstung. Grundsätzlich sollte man dem Pferd einen gut passenden Kappzaum anlegen, der hoch und fest am Nasenrücken liegt. Die Longe wird in der vordersten Schnalle eingehängt. Dies gewährleistet dem Ausbilder einen exakten Angriffspunkt an der Mittelachse des Pferdes, womit die korrekte Biegung auf dem Kreisbogen durch Longenimpulse unterstützt werden kann. Lässt man das Pferd jedoch am Stallhalfter im Kreis laufen, provoziert man, dass sich das Pferd in der Halswirbelsäule verwirft, wodurch das Pferd einem Rotationsstress in den Halswirbeln ausgesetzt ist. Hierunter leidet schließlich die erforderliche Entspannung des Pferdes sowie die Koordination und Entwicklung der Gänge. Als Folge davon können weiterer Gelenkstress und somit Überlastungen in sämtlichen Bein- und Wirbelgelenken auftreten.

Das Einhängen der Longe in den Gebissring der Trense hat ähnliche, aber nicht ganz so extreme Auswirkungen. Zusätzlich wird das empfindliche Maul

Nur mit der richtigen Ausrüstung, wozu der Kappzaum gehört, ist sinnvolles Longieren möglich.

DIE „EINSCHULUNG" MIT DREI JAHREN

des Pferdes erheblich gestört, unsinnigerweise abgestumpft und dem Pferd wird das Gebiss aus dem Maul gezogen. Die Einwirkungen sind deshalb sehr ungenau und erreichen das Pferd zudem an falscher Stelle. Der Einsatz einer Longierbrille verstärkt die negativen Auswirkungen auf den Skelett- und Mus-

Wenn man keinen Helfer zur Verfügung hat, beginnt man das Anlongieren mit Führstrick und Gerte.

kelapparat des Pferdes noch und gibt den Longenimpuls auf der Außenseite, was kontraproduktiv ist. Eine Longierbrille verhindert lediglich das Durchziehen des Gebisses durch das Maul. Sie ist nur zum Führen eines Pferdes sinnvoll, nicht aber zum Longieren. Ein guter Kappzaum, der selbstverständlich korrekt angepasst sein muss, ist für die Longenarbeit deshalb unumgänglich. Das Gebiss wird über den Kappzaum geschnallt, um darin später die Ausbinder zu befestigen.

Arbeitet man im Round Pen ohne Longe, muss man sich keine Gedanken über den falschen Einwirkungspunkt am Kopf machen. Das Pferd läuft auf einer vorgegebenen Zirkellinie und steht so unter guter Kontrolle des Ausbilders. Es kann nicht aus der Zirkellinie ausbrechen und erarbeitet sich auf diese Weise eine gute Balance. Die fehlende Longe bewirkt trotz des umschlossenen, runden Areals kein automatisches Geraderichten (sprich Biegung des Pferdekörpers auf der Kreislinie) des Pferdes. Das Pferd wird nicht in Stellung laufen, sondern den Kopf nach außen wenden, dabei auf die innere Vorhand fallen. Deshalb sind Longenimpulse durchaus sinnvoll, um eine Stellung des Pferdekopfes zu erreichen. Die runde Außenbegrenzung kann die Biegung unterstützen, welche mit der einfachen Longenarbeit nicht erarbeitet werden kann. Dies ist letztendlich nur über die Doppellongenarbeit möglich, weil man hier eine äußere Begrenzung aufbauen kann.

Bevor sich das Pferd aber seitlich biegen kann, muss es seinen Rücken aufwölben können. Die Entspannungshaltung, welche aus der Dehnung der Oberlinie des Pferdes nach vorne/abwärts entsteht, ist die Bedingung hierzu. Nach lockerem Aufwärmen sollte sich die Entspannungshaltung des Pferdes von selbst einstellen. Dies ist jedoch nur unter speziellen Voraussetzungen möglich. Das Pferd muss sich wohl fühlen und den Anforderungen gewachsen sein. Ist die Entspannungshaltung erreicht, muss das Aufwölben des Rückens angestrebt werden, indem man die Hinterhand gut nachtreibt. Das Pferd wird mit der Peitsche dazu animiert, mit den Hinterbeinen stärker unter seinen Körper zu treten. Dies hat mehr

Möglichst früh sollte man beim Anlongieren einen größeren Radius wählen, damit sich das Pferd nicht zu stark biegen muss. Diese Haflingerstute ist erst zum zweiten Mal an der Longe.

DIE „EINSCHULUNG" MIT DREI JAHREN

Jungpferde können schon mal aus Übermut buckeln. Darauf sollte der Ausbilder stets gefasst sein.

Schub und letztendlich eine vermehrte Gewichtsaufnahme der Hinterhand zur Folge. Es fördert somit das Aufwölben und den damit verbundenen Muskelaufbau des Rückens. Durch dieses Training ist das Pferd auf die Gewichtsaufnahme durch den Reiter vorbereitet und kann die Mehrbelastung ohne Mühe und vor allem ohne Schaden zu nehmen ausgleichen.

Langsam erweitert man den Longierzirkel auf mindestens 12 Meter. Die Stute ist hier zum fünften Mal an der Longe, jetzt bereits mit Kappzaum.

Unser junges, mindestens dreijähriges Pferd sollte sich optisch schon als ausgewachsenes Pferd präsentieren, bevor wir mit der Longenarbeit beginnen. Wenn man keinen Helfer zur Verfügung hat, nimmt man anstatt einer Longe zunächst einen längeren Führstrick und die Gerte. Jetzt fordert man das Pferd zum Stillstehen auf, während man 2 bis 3 Meter seitlich zurücktritt. Nun ist man in der Lage, das junge Tier antreten zu lassen, indem man das bekannte Stimmkommando benutzt. Die Gerte kann zusätzlich leicht touchieren, wenn das Pferd zögert. Außerdem ist es erlaubt, die Körpersprache einzusetzen, um dem Vierbeiner das Verständnis zu erleichtern. Ein Schritt auf die Hinterhand des Pferdes zu animiert das Tier, nach vorne auszuweichen, umgekehrt kann man den Vorwärtsdrang bremsen, wenn man einen Schritt auf die Schulter des Pferdes zugeht. Die neutrale Position ist stets auf Höhe des Pferdebauches.

Das junge Pferd soll schon frühzeitig lernen, auf der Zirkellinie stehen zu bleiben, während der Ausbilder die Longe aufwickelt.

Hat das Jungpferd begriffen, sich im Kreis um seinen Ausbilder zu bewegen, muss man auf der anderen Hand von Neuem beginnen. Da man meist von der linken Seite aus führt, gelingt das Anlongieren auch auf dieser Seite besser. Mehr Geduld muss man auf der rechten Hand aufbringen, wenn man beim Führtraining diese Seite vernachlässigt hat.

Langsam kann man den Longierkreis erweitern, bis man einen Durchmesser von etwa 12 Metern erreicht hat. Steht ein Helfer zur Verfügung, sollte man möglichst gleich einen großen Durchmesser wählen, wobei der Helfer als Führperson agiert. Die Hilfsperson führt das Pferd auf der Außenseite des Zirkels, bis der Vierbeiner begreift, dass er bei leicht gespannter Longe im Kreis laufen soll. Dies geschieht ebenfalls auf beiden Seiten. Die Kommandos müssen aber ausschließlich vom Longenführer kommen, damit das Pferd sich schon von Beginn an auf ihn konzentriert.

Benötigt das junge Tier keine Führperson mehr, kann der Helfer als Peitschenführer dienen. Dabei begleitet er das Pferd einige Meter schräg hinter ihm und gibt bei Bedarf unterstützende Peitschenimpulse. Bei einem gut vorbereiteten Pferd bedarf es jedoch

DIE „EINSCHULUNG" MIT DREI JAHREN

kaum zusätzlicher Hilfsmaßnahmen, weil Ausbilder und Pferd über das vorausgegangene Training bereits ein gut eingespieltes Team sind.

Möglichst früh sollte man auf einen großen Zirkel gehen, damit sich das Pferd nicht zu stark biegen muss. In erster Linie aber würde das Tier bei höheren Geschwindigkeiten eine größere Schräglage eingehen müssen, welche Stress in den Gelenken, Bändern und Sehnen bedeutet. Um Überlastungen zu vermeiden, sollten junge Pferde auf möglichst großem Zirkel gearbeitet werden. Allerdings darf durch die Größe des Zirkels die Kontrolle des Longenführers nicht verloren gehen. Aus diesem Grund ist eine genügend lange Peitsche für die Longenarbeit sinnvoll.

Der Ausbilder hat aufgrund der Vorarbeit keine Mühe, dem Pferd nun alle drei Grundgangarten abzuverlangen. Man sollte aber darauf achten, dass das Tier jeder Aufforderung sofort Folge leistet. Beispielsweise soll es den Galopp nicht erst über einen immer schneller werdenden Trab aufnehmen, sondern sofort, wenn ihn der Longenführer fordert. Dazu muss das Pferd die Hinterhand entsprechend einsetzen, was beim Angaloppieren aus dem Schritt in noch extremerer Form gefordert ist. Bricht es jedoch über einen immer schnelleren Trab in den Galopp, fällt es lediglich auf die Vorhand, was man ja vermeiden möchte.

> **Idealerweise longiert man das Pferd im Round Pen und nutzt dabei jeweils die Vorteile der Round Pen- und Longenarbeit gleichzeitig.**

Passive Bewegungs- und Dehnübungen

Der Muskelaufbau sowie die Mobilisation der Gelenke können durch gymnastische Bewegungsübungen unterstützt werden. Um Muskeln, Sehnen und Bänder zu trainieren, sollten diese zwar beansprucht, aber nicht überbeansprucht werden. Überlastungen können Verletzungen wie Zerrungen und Überdehnungen verursachen. Die Strukturen des jungen Pferdes sind besonders anfällig, da sie noch untrainiert sind. Deshalb muss das Training langsam und sorgfältig aufgebaut werden.

Ist das Pferd an der Longe locker geworden und leicht aufgewärmt, kann man mit passiven Bewegungs- und Dehnübungen beginnen. Hiermit erreicht man auf sanfte Weise eine bessere Gelenkigkeit. Dies wirkt sich auf die Geschicklichkeit, die Beweglichkeit und die Athletik des Pferdes positiv aus.

Im Kapitel über die ausgewählten Zirkuslektionen sind Übungen vorgestellt, die ebenfalls die Athletik fördern, jedoch handelt es sich hierbei ausschließlich um aktive Bewegungsübungen. Bei den passiven Bewegungsübungen benötigt das Pferd selbst keine Muskelkraft, weil der Ausbilder das jeweilige Gelenk bewegt. Dabei kann die gegensätzliche Muskulatur effektiv gedehnt und somit gelockert werden. Damit

Bei der Halsbiegung zur Seite darf nicht viel Kraft aufgewendet werden. Langsam steigert man die Biegung, bis die Nase des Pferdes den Bauch erreicht.

Beim Anheben des Vorderbeins wird unter anderem die Bauchmuskulatur gedehnt.

Beim Herausziehen des hinteren Beines erreicht man eine Dehnung der Darmbein-, Hüft- und Oberschenkelmuskulatur.

schafft man die Voraussetzung für eine wirkungsvolle Kontraktion des jeweiligen Muskels.

Es ist für den Reiter wichtig, dass sein Pferd im Genick nachgeben kann. Der Grad, wie weit das Tier den Kopf abkippt, hängt mitunter von der Flexibilität des Nackenbandes und der Ganaschenfreiheit ab. Zur Überprüfung der Flexibilität und Steigerung der Beweglichkeit umfasst man die Nase des Pferdes mit der Hand und drückt den Kopf sanft nach hinten. Das Pferd kippt dabei zwischen Hinterhauptbein und erstem Halswirbel ab. Anschließend beugt man den Hals seitwärts, wobei die Nase des Pferdes bei dieser Übung durchaus den Bauch berühren kann. Allerdings darf man nichts mit Gewalt erzwingen wollen. Wenn das junge Pferd die Muskulatur anspannt, weil ihm die Übung unangenehm ist, wird die Lektion nicht gelingen. Auch pathologische Gelenks- oder muskuläre Blockaden verhindern, dass das Pferd die Bewegung ausführen kann. Deshalb ist ein umsichtiges Vorgehen wichtig. Sollte die Übung nicht möglich sein, ist es sinnvoll, die Ur-

DIE „EINSCHULUNG" MIT DREI JAHREN

sachen von einem Tierarzt oder Pferdetherapeuten abklären zu lassen.

Auch die Extremitäten kann man vorsichtig dehnen. Allerdings ist hierbei die Kenntnis der physiologischen Gelenkbeweglichkeit wichtig. Anzuraten ist eine Anleitung durch einen Pferde-Physiotherapeuten, um keine Überdehnungen oder Gelenkstress zu verursachen. Führt man die Dehnungen falsch aus, kann dies Verletzungen zur Folge haben. Nur korrekt ausgeführte Dehnungen bringen einen Nutzen für das Training.

Das Einreiten

Das eigentliche Einreiten eines jungen Pferdes ist mit einer fundierten Ausbildung und konsequenten Erziehung vollkommen problemlos durchzuführen. Mit dem hier vorgestellten Trainingsprogramm sind die Pferde auf das Anreiten gut vorbereitet, sodass es weder gefährlich noch dramatisch ist, wenn der Reiter nun das erste Mal in den Sattel steigt. Da die Pferde Vertrauen haben und schon viele Hilfen (Stimmhilfen, Gertenhilfe) kennen, bleiben die Jungpferde auch bei neuen Lektionen ruhig und gelassen.

> Eine gute Vorbereitung des jungen Pferdes gewährleistet ein problemloses Einreiten.

Die Gewöhnung an Sattel und Zaumzeug

Halfter und Kappzaum sind dem jungen Pferd mittlerweile zur Routine geworden. Es ist daran gewöhnt, Ausrüstungsgegenstände am Kopf zu tragen. Allerdings müssen jetzt die Voraussetzungen geschaffen werden, exakte Einwirkungen mit den Zügeln auf den Pferdekopf zu übertragen, wodurch eine geeignete Reitzäumung erforderlich ist. Hierzu eignet sich das gebisslose Sidepull hervorragend. Es unterscheidet sich im Tragekomfort kaum von Halfter oder Kappzaum und erlaubt dennoch konkrete Zügeleinwirkungen auf den Pferdekopf. Aus sicherheits- und versicherungstechnischen Gründen ist das Reiten im Gelände mit gebissloser Zäumung jedoch problematisch, sodass man recht bald zum Trensengebiss wechseln muss, da die Ausbildung so früh wie möglich im Gelände fortgesetzt werden sollte. Man kann das Pferd deshalb auch schon vor dem ersten Aufsitzen an das Trensengebiss gewöhnen.

Beim ersten Auftrensen trägt das drei- oder vierjährige Pferd ein normales Stallhalfter, an dem ein Führstrick befestigt ist. Nach wie vor führt und lenkt man das Pferd mit dem Führstrick, denn die Trense soll zunächst ohne Wirkung auf das Pferdemaul zur reinen Gewöhnung getragen werden.

Das Trensenmundstück liegt in der linken Handfläche, während man es an die Lippen des Pferdes heranführt. Die rechte Hand umfasst den Pferdekopf und hält die Backenstücke des Zaumes fest. Den

Das Sidepull eignet sich hervorragend als Anfangszäumung zum Einreiten des dreijährigen Pferdes.

Daumen der linken Hand schiebt man in den Maulwinkel hinein und übt leichten Druck auf den Laden des Pferdes aus, um es dazu zu veranlassen, das Maul zu öffnen. Jetzt wird das Gebiss ins Maul geschoben, das Genickstück über die Ohren gezogen und schließlich der Kehlriemen locker verschnallt. Es ist darauf zu achten, dass das Gebissstück nicht gegen die Zähne schlägt, weil dies dem jungen Tier äußerst unangenehm ist und man damit Kopfschlagen und andere Abwehrreaktionen provoziert. Man sollte dabei bedenken, dass die Pferde mit dreieinhalb Jahren noch im Zahnwechsel sind. Sie können deshalb auf das Gebiss auch überempfindlich reagieren.

Im Maulwinkel sollte durch das Mundstück eine Falte entstehen. Auf diese Weise ist das Gebiss korrekt verschnallt. Es darf nicht zu locker im Maul liegen, weil die Pferde ansonsten die Zunge übers Gebiss legen oder sich angewöhnen, auf dem Mundstück übermäßig zu kauen und es im Maul hin und her schieben. Das Gebiss darf auch nicht zu streng verschnallt werden, weil damit Schmerzen in den Maulwinkeln verursacht werden könnten.

Das Jungpferd darf sich nun mit dem Gebiss im Maul auseinandersetzen und wird zunächst – am Führstrick angebunden – einige Minuten in Ruhe gelassen. Schließlich wird das Gebiss wieder abgenommen. Das nächste Auftrensen erfolgt einen Tag später. Nun kann man während der Gewöhnungsphase schon Spaziergänge unternehmen oder bekannte Führübungen absolvieren, wobei die Trense jedoch nicht angetastet, sondern wie gewohnt mit dem Führstrick gearbeitet wird.

Da man das Aussacktraining bereits mit den verschiedensten Gegenständen durchgeführt hat, kann man diesmal auch den Sattel nehmen. Normalerweise müsste das Pferd das Auflegen des Sattels ohne Widerstand akzeptieren, wenn man das Desensibilisierungstraining fachgerecht durchgeführt hat. Neu ist aber das Festzurren des Sattelgurts, womit man sehr vorsichtig beginnen muss, damit das Pferd nicht panisch wird und Platzangst bekommt.

Man kann das Pferd zuerst auch mit Hilfe eines Longiergurtes an den Gurtdruck gewöhnen. Möglicherweise hat das Pferd diese Lektion beim Anlongieren

Bei einem gut vorbereiteten Pferd stellt das Auflegen des Sattels kein Problem dar.

DIE „EINSCHULUNG" MIT DREI JAHREN

auch schon gelernt. Der Gurt wird zuerst nur so fest angezogen, dass nichts mehr verrutschen kann. Nach ein paar Minuten der Gewöhnungsphase schnallt man ein Loch kürzer. Für den ersten Tag sollte man es gut sein lassen und den Gurtdruck wieder lösen. Beim nächsten Training verschnallt man wieder ein Loch enger. Jetzt führt man das Pferd auch herum, damit es lernt, wie sich der Druck in der Bewegung anfühlt. Langsam tastet man sich so an die endgültige Verschnallung des Gurtes und schließlich des Sattels heran. Erst nachdem das Pferd den Gurtdruck ohne Widerstand akzeptiert, kann man mit dem gesattelten Pferd an der Longe oder am Führstrick wie gewohnt arbeiten. Zur Arbeit muss der Gurt so fest angezogen werden können, dass nichts verrutschen kann.

Fahren und Reiten vom Boden aus

Das gezäumte und gesattelte Pferd ist nun bereit, die Hilfen des Reiters vom Boden aus zu erlernen. Das Antreten, Halten und die Gangartenwechsel hat das junge Pferd in den vorausgegangenen Lektionen zur Genüge geübt. In erster Linie geht es aber darum, dem Jungpferd beizubringen, auf die Zügelimpulse zu reagieren. Hierzu schnallt man die Zügel zunächst am Sidepull (später auch in die Trensenringe) ein. Jetzt stellt man sich auf Schulterhöhe neben das Pferd und nimmt die Zügel in die Hände, wie man es vom Sattel aus tun würde. Hierzu muss man mit der rechten Hand über den Widerrist greifen.

Vorsichtig übt man jetzt leichte Zügelimpulse auf einer Seite aus. Gibt das Pferd mit dem Kopf zu dieser Seite nach, wird der Zügel sofort nachgegeben und das kluge Tier gelobt. Auf diese Weise lernt das Pferd, dem Zügeldruck zu weichen. Man übt dies selbstverständlich auf beiden Seiten. Nur indem man sofort den Zügeldruck löst, wird das Pferd immer sensibler reagieren und bald schon auf das Schließen der Zügelfaust reagieren.

Nun ist es an der Zeit, dem Pferd das Kommando zum Antreten zu geben. Man begleitet den Dreijährigen auf Schulterhöhe, was für das Pferd sicherlich zunächst gewöhnungsbedürftig ist, da man sich beim Führen ansonsten auf Halshöhe aufhält. Normalerweise begreifen die jungen Pferde die Absichten des Ausbilders sehr schnell.

Bei der Halsbiegung zur Seite darf nicht viel Kraft aufgewendet werden. Langsam steigert man die Biegung, bis die Nase des Pferdes den Bauch erreicht.

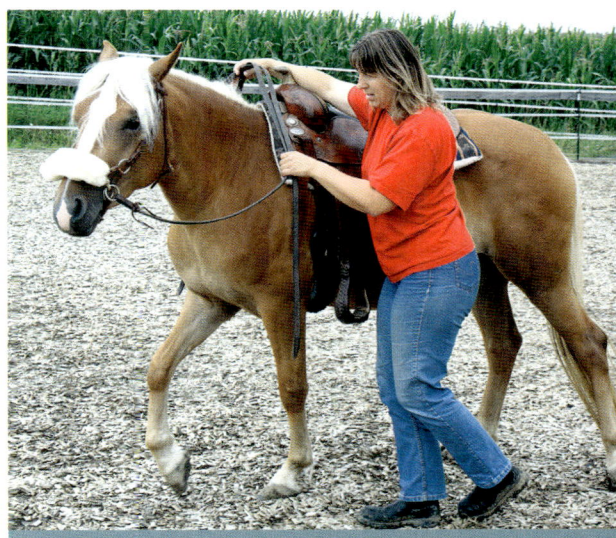

Beim „Reiten vom Boden aus" fördert man die Selbstständigkeit des Pferdes und lehrt es, auf Zügelimpulse zu reagieren.

Gibt man nun während der Schrittbewegung einen Impuls mit dem Zügel, kann man das Jungtier in eine neue Richtung weisen: Das Pferd ist lenkbar. Die Zügelimpulse kommen zunächst nur einseitig zum Einsatz, um den Vierbeiner zu lenken. Man reitet das Pferd quasi vom Boden aus, wobei man alle bisher erlernten Manöver wie Schritt, Trab und Rückwärtsgehen durchführen kann, während man mit den Zügeln die Laufrichtung und die Stellung des Pferdekopfes bestimmt.

Bei großen Warmblütern hat man Schwierigkeiten, über den Widerrist zu greifen. Hier – und bei Pferden, die gefahren werden sollen – bietet sich das Fahren vom Boden aus, bei der man verlängerte Zügel oder Fahrleinen einschnallt und hinter dem Pferd hergeht. Da das Tier den Ausbilder direkt hinter sich nicht sieht, kann es möglicherweise unsicher werden und versuchen, sich umzudrehen. Es empfiehlt sich dann, etwas versetzt zum Pferd mitzulaufen, damit das Tier den Ausbilder im Augenwinkel noch sehen kann. Bei Pferden, die zum Ausschlagen neigen, sollte diese Methode zur eigenen Sicherheit nicht unbedingt angewendet werden. Besser ist dann das Longieren mit Doppellonge sowie die obligatorische konsequente Erziehung und Grundlagenausbildung.

Das erste Aufsteigen

Nun hat das Jungpferd alles vom Boden aus gelernt, was es unter dem Sattel beherrschen muss, damit die Verständigung zwischen Reiter und Pferd funktioniert. Nichts ist dem Drei- oder Vierjährigen nun mehr fremd, außer der Reiter auf seinem Rücken, der noch dazu für eine ungewohnte Gewichtsbelastung sorgt. Darum vollzieht man das erste Aufsteigen ebenso vorsichtig und langsam, um das Pferd an die Belastung zu gewöhnen.

Der Round Pen ist ein guter Ort für die Erstbesteigung des Pferdes. Eine sichere Umzäunung ist obligatorisch, außerdem sichern geschlossene Wände die Aufmerksamkeit des Pferdes auf die jeweilige Aufgabe. Schließlich kann das Pferd in keine Ecke flüchten und den Reiter in Bedrängnis bringen.

Zur Abwechslung können auch jetzt schon Hindernisse eingebaut werden ...

Zuerst arbeitet man das Pferd an der Longe oder frei im Round Pen, damit es sich lockert und entspannt ist. Jetzt holt man den Youngster heran, schnallt gegebenenfalls die Longe ab. Langsam belastet man den linken Steigbügel nun mit der Hand und prüft die Reaktion des Pferdes. Bleibt es ruhig, kann man jetzt den linken Fuß in den Bügel setzen und langsam Gewicht in den Steigbügel übertragen. In dieser Phase ist es sehr praktisch, wenn man einen Helfer zur Verfügung hat, der das Pferd am Halfter hält und beruhigend auf es einredet.

Langsam steigert man die Gewichtsbelastung, bis das rechte Bein vom Boden abgehoben werden kann. Jetzt ist es besonders wichtig, dass der Sattelgurt gut befestigt ist, damit der Sattel bei dieser einseitigen Belastung nicht zu rutschen beginnt. Von Vorteil ist auch hier wiederum ein Helfer, der mit der Hand den rechten Steigbügel belastet, um einen gewissen Gewichtsausgleich zu schaffen, der verhindert, dass der Sattel ins Rutschen gerät.

DIE „EINSCHULUNG" MIT DREI JAHREN

... um die Balance und Geschicklichkeit des Pferdes zu fördern.

gebracht, da dies der Vierbeiner noch nicht kennt und deshalb erschrecken könnte.

Die Verständigung wird nicht das Problem sein, schließlich hat das Pferd alles hierfür Notwendige gelernt. Vielmehr wird es mit dem Gleichgewicht zu kämpfen haben und deshalb erst unsicher und verhalten vorwärts gehen. Man hilft dem Jungpferd am besten, die Balance zu finden, wenn man versucht, stets zentral und ruhig zu sitzen. Gewichts- und Schenkelhilfen kommen noch nicht zum Einsatz, da man sehr gut in der Lage ist, das Pferd über die Stimm- und Zügelhilfen zu steuern. Die weiter unterstützenden Hilfen über Zügel, Gewicht und Schenkel lernt das Pferd später kennen, wenn es seine Balance gefunden hat und der Reiter sicher getragen werden kann. In der nächsten Zeit wird man große Touren auf dem Platz reiten beziehungsweise viele Strecken geradeaus, wozu sich das Gelände hervorragend eignet. Enge Wendungen sind zu vermeiden, weil sie das Pferd noch körperlich überfordern und die Balance oft wieder verloren geht.

Bleibt das Pferd immer noch gelassen, schiebt man sein Gewicht über den Sattel, ohne jedoch zunächst das rechte Bein überzuschwingen. Für diesen Tag sollte man die Lektion beenden, langsam wieder heruntergleiten und das Pferd nach ausgiebigem Lob auf die Weide schicken.

Nach derselben Kletterpartie am nächsten Tag schwingt man nun langsam das rechte Bein über den Rücken des Pferdes und setzt sich vorsichtig in den Sattel. Diesen Schritt vollzieht man nur, wenn das Pferd ruhig bleibt und einen sicheren Eindruck vermittelt. Ein ausgiebiges Lob ist jetzt angebracht. Beim Überschwingen des Beines ist es ratsam, die Berührung der Kruppe mit der Fußspitze zu vermeiden, weil dadurch manches Pferd erschrecken könnte.

Für die ersten Schritte unter dem Reiter wird das Pferd nun entweder vom Helfer angeführt oder – sollte keine Hilfsperson zur Verfügung stehen – mit dem verbalen Kommando zum Antreten aufgefordert. Achtung! In dieser Phase ist ein Schenkeldruck unan-

Vorsichtig überträgt man beim ersten Aufsteigen mehr und mehr Gewicht in den linken Steigbügel, wobei man stets die Reaktionen des Pferdes im Auge behält.

DER MASSSTAB DES TRAININGS-ERFOLGS

Die Aufzucht, Erziehung und Ausbildung von jungen Pferden ist ein besonderes Erlebnis, das von Höhen und Tiefen geprägt ist. Keiner wird diese Zeit missen wollen, denn sie ist reich an Erfahrungen, die in erster Linie die Freundschaft und Beziehung zum Pferd festigen. Jeder vernünftige Reiter wünscht sich sein Pferd als Freund und Kamerad, doch Freundschaft und Vertrauen muss man sich durch faire Behandlung und artgerechten Umgang erst verdienen. Die Früchte dieser nicht immer einfachen Arbeit erntet man schließlich nicht nur auf den Turnierplätzen oder beim fröhlichen Ausritt, sondern bei jedem Umgang mit dem Pferd, wenn es uns sein Vertrauen und seine Freundschaft beweist. Dazu muss das Pferd keineswegs unter dem Sattel gearbeitet werden, denn es gibt eine Fülle von Lektionen, die ein Pferd vor dem Anreiten lernen muss. Diese Zeit lehrt den Pferdeliebhaber aber auch, dass Reiten nicht die einzige sinnvolle Beschäftigungsmöglichkeit mit dem Pferd ist, sondern dass es eine Menge anderer Dinge gibt, die man zusammen mit ihm unternehmen kann.

Der logische Aufbau des Erziehungs- und Trainingsplans garantiert, dass durch die Lektionen und

Aufgaben die Beziehung zwischen Mensch und Tier gefestigt wird. Langsames, geduldiges Vorgehen bringt größeren, aber mit Sicherheit langfristigeren Erfolg. Es lohnt sich deshalb, mit Geduld und Verstand an die Pferdeausbildung heranzugehen. Wenn ein drei- oder vierjähriges Pferd psychisch oder körperlich noch überfordert ist, einen Reiter auf seinem Rücken zu tragen, sollte man den Mut haben, mit diesen Lektionen noch zu warten. Es zeugt nicht von Unvermögen, wenn ein Pferd mit drei Jahren noch nicht unter dem Sattel geht, vielmehr vom Einfühlungsvermögen des Ausbilders. Nicht die Schnelligkeit in der Ausbildung macht den guten Trainer aus, sondern das Gefühl und die Beständigkeit!

Ein zuverlässiges Pferd, das Vertrauen zum Reiter hat, muss man sich mit fairer Behandlung und artgerechtem Umgang erst verdienen.

WEITERFÜHRENDE LITERATUR

Ettl Renate
Pferde gut in Form
Müller Rüschlikon 2007

Ettl Renate
So bleibt Ihr Pferd cool und gelassen
Cadmos 2005

Ettl Renate
Lehrbuch Westernreiten
Cadmos 2007

Ettl Renate
Trainingsfibel für Westernreiter
Silver Horse Edition 2007

Ettl Renate
Was der Westernrichter sehen will
Cadmos 2004

Hoffmann Marlit
Was tun mit jungen Pferden?
Müller Rüschlikon 2002

Kattwinkel Karin/Mähler Maria
Ein Fohlen aus der eigenen Stute
Cadmos 2005

Hartmann Otto
Pferdezucht
Ulmer 2006

Lyons John/Haungs Alexandra
Grunderziehung für Fohlen
Kosmos 2004

REGISTER

A
- Absetzen .... S. 37, 47, 49ff.
- Abspritzen .... S. 66f.
- Abstammung.................................... S. 81
- Alleine bleiben .... S. 48
- Anbinden .... S. 35, 38, 73, 75f.
- Anlongieren .... S. 126f., 130
- Anpaarung .... S. 10, 81
- Anreiten.............................. S. 10, 69, 94, 110
- Aufhalftern .... S. 30f., 64f.
- Auftrensen .... S. 133f.
- Aufzucht .... S. 9ff., 21, 27, 37, ... 61f., 88, 123, 139
- Ausritte .... S. 40f., 47, 53
- Ausrüstung................................... S. 73,126
- Aussacktraining................................ S. 103ff.

B
- Balance.......................... S. 46, 105, 113, 115, ... 123, 126, 128, 136f.
- Bauchgurt .... S. 37f.
- Belohnung.......................... S. 66, 93, 115
- Berührung .... S. 26ff., 36, 103, 108, 137
- Bodenarbeit............................... S. 66, 111

C
- Cavaletti .... S. 107
- Charakter................. S. 10, 27, 80, 82, 88, 90f.

D
- Desensibilisierung................... S. 23, 26f., 31, ... 68f., 95, 105, 134,
- Disziplin .... S. 73, 79, 93f
- Dominanz........................... S. 23, 25f.

E
- Einreiten .... S. 85f., 120, 123, 125, 133ff.
- Eiweißbedarf.................................... S. 49
- Epiphysenfugen .... S. 125
- Equidenpass .... S. 81
- Erziehung .... S. 57
- Exterieur .... S. 88, 121ff.

F
- Fehlstellungen................. S. 32, 64f., 123, 125
- Fohlengeburt .... S. 13ff.
- Fohlenstarter .... S 51
- Frühreife .... S. 124
- Frühzeitiger Verschleiß............ S. 63, 85, 120
- Führen .... S. 34ff., 108, 128

G
- Führkette .... S. 71ff., 94
- Führlektion .... S. 34, 71, 78
- Führtraining .... S. 35ff., 94,
- Fütterung .... S. 61, 65f., 123

H
- Gamaschen .... S. 106, 117
- Gebäudebeurteilung .... S. 121ff.
- Gebäudemangel .... S. 123
- Geduld .... S. 29, 35, 42, 44f., 72, ... 99, 116f., 130, 140
- Gehorsam .... S. 25, 79, 93f., 101, 105, 116
- Gelände .... S. 37ff., 71ff., 112, 133, 137
- Geräusche .... S. 67, 69, 95
- Gerte .... S. 42, 45, 71, 94, 96ff., 102, 106, 116
- Gertenhilfe .... S. 103, 133
- Geschlechtsreife .... S. 85f., 90
- Gesundheit .... S. 10, 17f., 38, 49, 61, 120
- Giftpflanzen .... S. 73
- Gleichaltrige .... S. 10, 48, 51, 53ff., 61
- Ground Tying .... S. 99ff.
- Gymnastizierende Übungen ...... S. 105ff., 117

H
- Handpferd .... S. 40, 73ff., 83, 111ff.
- Handpferdereiten .... S. 73ff, 111ff.
- Hänger .... S. 42
- Hengst .... S. 86ff., 90f., 116
- Hengstmanieren .... S. 86f.
- Hinterhandwendung .... S. 107f.
- Hobbeln .... S. 25
- Hobbyzüchter .... S. 81, 124
- Hufe .... S. 32ff., 82, 110, 115, 123
- Hufeaufheben .... S. 32ff., 63ff.
- Hufpflege .... S. 32, 61, 64
- Identifizierung .... S. 81

J
- Impfungen .... S. 10, 17, 61
- Imprint-Training .... S. 19ff., 22ff.

K
- Kappzaum.................... S. 126, 128, 133
- Kastration .... S. 86f.
- Klappersack .... S. 103
- Kolostralmilch .... S. 14, 16f.
- Komm-mit-Seil .... S. 36
- Kondition .... S. 74, 107, 113, 126
- Konsequenz .... S. 72f., 77, 80, 92f.

142

K

- Körpersprache .... S. 96ff., 130
- Korrektur .... S. 9, 77, 80
- Kreuzbein .... S. 125
- Kunststück .... S. 78, 113f.

L

- Leckerli .... S. 66, 115
- Leistungsfähigkeit .... S. 50, 64, 111, 119ff.
- Lob .... S. 80, 93, 103, 137
- Longe .... S. 101, 126, 128, 130f., 135ff.
- Longenarbeit .... S. 126ff.
- Longierbrille .... S. 127f.
- Longieren .... S. 66, 126ff.

M

- Medizinische Versorgung .... S. 10f., 17f., 61
- Mikrochip .... S. 81
- Milchaustauscher .... S. 50f.
- Muskelaufbau .... S. 113, 125f., 129, 131
- Muttermilch .... S. 50f.

N

- Nachgeburt .... S. 16f.
- Neck Reining .... S. 111

P

- Podest .... S. 114ff.
- Prägephase .... S. 20, 26, 28f., 37
- Prägetraining .... S. 18ff.
- Prägung .... S. 18ff., 28
- Psyche .... S. 26, 43, 60
- Putzen .... S. 28ff.

R

- Rangfolge .... S. 25, 55, 91f.
- Rangkämpfe .... S. 90f.
- Rassebrand .... S. 81
- Rassestandard .... S. 88
- Reitergewicht .... S. 27, 108, 126
- Reiz .... S. 19f., 22f., 26f.
- Round Pen .... S. 126ff., 136
- Rückwärtsrichten .... S. 101ff., 108

S

- Sattel .... S. 125, 133ff.
- Säugezeit .... S. 37
- Schenkelhilfen .... S. 137
- Sensibilisierung .... S. 23, 26f.,
- Sidepull .... S. 133, 135

S

- Spanischer Schritt .... S. 116f.
- Spätreife .... S. 123ff.
- Spiele .... S. 54ff., 78ff.
- Spielgefährten .. .. S. 10, 54ff.
- Stallhalfter .... S. 126, 128, 133
- Stangenarbeit .... S. 102, 105ff.
- Steigen .... S. 36f., 45, 55, 78, 86, 115
- Stillstehen .... S. 75ff., 82, 99, 130
- Stimmhilfe .... S. 98, 103, 108, 133
- Stimmkommando .... S. 75, 77, 97f.,
  .... 111ff., 115, 130
- Strafe .... S. 72, 77, 80, 92f., 97, 102
- Straßenverkehr .... S. 38
- Stress .... S. 33, 38, 43, 47
- Stutenschau .... S. 43

T

- Takt .... S. 113, 123, 126
- Trächtigkeitsdauer .... S. 14
- Trainingspause .... S. 110
- Transporter .... S. 43ff., 53,
- Transportieren .... S. 43
- Trennung .... S. 47ff., 53ff., 70, 83
- Turnierbesuch .... S. 43
- Überlastungen .... S. 121f., 126, 131

V

- Verbale Signale .... S. 36
- Verladen .... S. 43ff., 53, 65, 82
- Verladetraining .... S. 43
- Vorhandwendung .... S. 108, 117

W

- Wachstum .... S. 33, 60, 63, 88, 120ff.
- Wallach .... S. 87f.
- Wasser .... S. 42
- Widersetzlichkeit .... S. 60, 92f.
- Winkelung (der Gelenke) .... S. 121f.
- Wurmkuren .... S. 10, 17, 61

Z

- Zahnwechsel .... S. 134
- Zäumung .... S. 133
- Zirkuslektionen .... S. 113f., 131
- Zucht .... S. 87f., 124
- Züchter .... S. 119ff., 124
- Zuchtschau .... S. 37, 81f.
- Zügelhilfen .... S. 96f., 103, 137
- Zügelimpuls .... S. 135f.

143

BUCHTIPPS

Katharina Möller
Jungpferdeausbildung

Ein praxisorientierter Begleiter für alle, die sich den Traum vom Ausbilden eines eigenen Jungpferdes erfüllen möchten. Von der Anschaffung über die Grunderziehung und das Anlongieren bis hin zum Anreiten erläutert die erfahrene Ausbilderin Katharina Möller, was zu beachten ist. Sie nutzt dabei sowohl die Erkenntnisse der klassischen Reitmeister als auch die der modernen Lernpsychologie und legt großen Wert auf ein stressfreies und von Freude geprägtes Arbeiten.

128 Seiten · farbig · broschiert · ISBN 978-3-8404-1060-4

Karin Kattwinkel
Ein Fohlen von der eigenen Stute

Der Traum vieler Pferdebesitzer ist ein Fohlen aus der eigenen Stute. Die Zeit der Trächtigkeit und der Aufzucht eines Fohlens verlangen jedoch bei aller Freude, die damit verbunden ist, sehr viel Sachkenntnis, Sorgfalt und Geduld. Dieses Handbuch vermittelt das komplette Wissen, das angehende Hobbyzüchter brauchen, um das Abenteuer Pferdezucht erfolgreich zu bestehen.

128 Seiten · farbig · broschiert · ISBN 978-3-8404-1513-5

B. Welter-Böller/M. Welter
Gutes Training schützt das Pferd

Die Hinterbeine treten gut unter, die Oberlinie ist aufgewölbt, Genick ist der höchste Punkt, die Nase leicht vor der Senkrechten. Diesem Bild wird vielerorts. Barbara Welter-Böller, die eine der wichtigsten deutschen Pferde-Osteopathieschulen leitet, erklärt in welcher Haltung sich unterschiedliche Pferde-typen physiologisch bewegen, wie pferdegerechtes Training aussieht und wie man bestehende Probleme lösen kann.

176 Seiten · farbig · broschiert · ISBN 978-3-8404-1069-7

Barbara Welter-Böller, Maximilian Welter, Claudia Weingand
Die 50 häufigsten Irrtümer in der Pferdeausbildung

Das Pferd als Maß aller Dinge Dieses Buch entzaubert so manchen Mythos und bringt Glaubenssätze ins Wanken! Wenn Sie glauben, dass der Trapezmuskel für die Kuhlen in der Sattellage verantwortlich ist, dass das Pferd in der Biegung die Schulter anhebt, ein schäumendes Maul positiv ist oder dass Cavalettitraining schonend die Bauchmuskeln kräftigt, sind Sie drei häufigen Ausbildungsirrtümern aufgesessen. Keine Sorge, Sie sind nicht allein.

128 Seiten · farbig · broschiert · ISBN 978-3-8404-1079-6

Cadmos Verlag GmbH | Englmannstraße 2 | 81673 München
Tel. +49 (0)89/451 08 51-0 | vertrieb@cadmos.de | www.cadmos.de